高等院校艺术设计类"十四五"规划教材

公共空间设计

主　编　蒋　明　李　睿
副主编　吴佳玥　万琳琳

PUBLIC

SPACE

DESIGN

中国海洋大学出版社
·青岛·

图书在版编目（CIP）数据

公共空间设计 / 蒋明，李睿主编 . — 青岛：中国海洋大学出版社，2023.8

ISBN 978-7-5670-3544-7

Ⅰ．①公… Ⅱ．①蒋… ②李… Ⅲ．①公共建筑－室内装饰设计 Ⅳ．①TU242

中国国家版本馆 CIP 数据核字（2023）第 117168 号

出版发行	中国海洋大学出版社		
社　　址	青岛市香港东路23号	邮政编码	266071
出 版 人	刘文菁		
策 划 人	王　炬		
网　　址	http://pub.ouc.edu.cn		
电子信箱	tushubianjibu@126.com		
订购电话	021-51085016		
责任编辑	矫恒鹏	电　　话	0532-85902349
印　　制	上海万卷印刷股份有限公司		
版　　次	2023年8月第1版		
印　　次	2023年8月第1次印刷		
成品尺寸	210 mm×270 mm		
印　　张	10.5		
字　　数	246千		
印　　数	1～3000		
定　　价	59.00元		

发现印装质量问题，请致电021-51085016，由印刷厂负责调换。

前 言
PREFACE

随着信息化时代的到来，人类的生活环境发生了巨大的变化，新的空间形式不断涌现，设计教育面临着前所未有的机遇与挑战。设计教育由传统教学模式转入数字化教学模式，在这一历史条件下，新的设计理念、设计手法日新月异、层出不穷。有关空间设计的教材不断涌现，而在针对公共空间设计的教材建设方面略显不足，存在不少实际问题。

本教材以时间为起点，讲述了中外公共空间设计的历史沿革，归纳总结了各个时代的典型优秀作品，有利于学生在学习和设计时更好地将中外传统文脉赋予时代的新意。公共空间设计研究和阐述的主要内容包括公共空间环境的设计原理、空间形式的设计方法、空间界面的构造方式以及人机工程学的相关知识等。公共空间设计是一门内容宽泛、交叉性强的综合设计课程，也是室内设计专业的主要必修课之一。

公共空间设计涉及空间使用功能、空间形式、空间构成艺术、人机工程学、装饰材料与构造、室内陈设艺术、室内景观等相关内容。为了增强学生对公共空间设计的认识和理解，根据目前公共空间相关课程的设置情况，适量安排了中外公共空间的发展、空间组合方式、人机工程学的内容，以使学生对公共空间及其设计有一个较为全面的认识和了解。

由于编者水平有限，书中不足之处在所难免，恳请专家和读者批评指正。

编者
2023年1月

目　录
CONTENTS

第一章 公共空间设计概述

第一节 公共空间的概念

　　广义的公共空间是指相对于私密空间以外的所有场所。从城市环境角度看，公共空间主要是指公民使用频率比较高的空间，如城市广场、步行街、公园等场所（图1-1-1至图1-1-3）；从哲学与社会学角度看，公共空间等同于公共领域，是介于国家和社会之间的一种空间，公民可以在这个空间中自由参与公共事务而不受干涉；从建筑学范畴来看，公共空间是指有管理人或控制人，在人员流动上具有不特定性的一定范围的空间，或者称不特定多人流动的特定管理或控制空间。

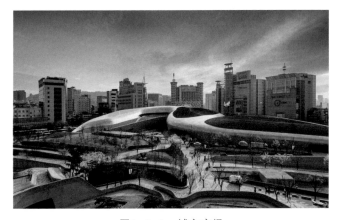

图1-1-1　城市广场

图1-1-2　上海南京路步行街

图1-1-3　上海雕塑公园

　　公共空间这一概念起源于古希腊，在古希腊城邦中，公共领域是以公共生活空间作为表象的，而公共生活空间又是通过公共建筑之格局而形成的。

　　公共空间的外部与内部是两个不同的概念，从空间形式上讲，它们既有各自的独立性又相互联系。公共空间的外部是公共空间内部的外部环境。日本建筑师芦原义信在他的《外部空间设计》一书中这样描述："空间基本上是由一个物体同感觉它的人之间产生的相互关系所形成的。"这一相互关系主要是根据视觉确定的，但作为建筑空间考虑时，则与嗅觉、听觉、触觉也都有关。即使是同一空间，根据风、雨、日照的情况，有时印象也大为不同。

　　公共空间的内部是指建筑物内部空间中供公众使用的部分，包括文化建筑、商业建筑、办公建筑、酒店建筑、医疗建筑空间等。另外，在相对较私密的住宅建筑物中，具备公共性的门厅、过道、楼梯等也属于公共空间的内部。公共空间的内部是建筑物的延伸和深化。

　　建筑物应重视地理位置、气候条件对自身结构关系、材料、构件设计的影响。而公共空间的外部也要考虑上述因素，如朝向、光线，室外温度对室内的影响，室外景观及流动景观，要考虑将室外的、可用的因素用于室内。公共空间的外部与内部在一定程度上具有很大的互动性，即室内与室外空间环境的融合，如商业空间的橱窗作为过渡空间的形式是联系室内、室外的桥梁（图1-1-4）。

　　本书所指的公共空间是指建筑物内部公共空间，主要探讨建筑物内部公共空间设计中的共性问题，力求运用一般性的原则，阐明公共空间中带有普遍性和规律性的问题，使读者了解到公共空间设计中的一般原则和方法，从而获得指导实践及举一反三的效果。

图1-1-4　商业空间橱窗

第二节　公共空间的分类

公共空间是人们进行社会活动不可缺少的环境和场所，其涵盖的社会内容是极其丰富的，所包括的空间类型也是多样的，因此我们可以从建筑空间、室内设计和空间规模这3方面对其分类。

按照建筑空间分类，公共空间通常可以分为如下10种类型：商业建筑空间、旅游建筑空间、文教建筑空间、办公建筑空间、体育建筑空间、医疗建筑空间、交通建筑空间、邮电建筑空间、展览建筑空间、纪念建筑空间。

按照室内设计分类，公共空间可以分为限定性公共空间及非限定性公共空间。限定性公共空间主要是指学校、办公楼以及教堂等建筑物的内部空间；非限定性公共空间主要是指旅馆饭店、影视剧院、娱乐空间、展览空间、图书馆、体育馆、火车站、航站楼、商店以及综合商业设施。

按照空间规模分类，公共空间又可以分为大型公共空间、中型公共空间、小型公共空间。大型公共空间，如体育馆观众厅、大礼堂、大餐厅、大型商场、营业大厅、大型舞厅，这类空间开放性强，空间尺度大。中型公共空间，如办公室、研究室、教室、实验室，这类空间首先要满足个人空间的行为要求，再满足与其相关的公共事务行为的要求。中型空间最典型的例子是办公室，为了提高工作效率，这类空间正在向大型空间发展，出现了所谓庭院式办公空间。小型公共空间，如客房、档案室、资料库，这类空间有较强的封闭性。

由于公共空间使用功能的性质和特点不同，各类建筑物主要房间的室内设计对文化艺术和工艺等方面的要求也各自有所侧重。例如，对纪念性建筑物和宗教建筑物等有特殊功能要求的空间，其纪念性、艺术性等精神功能的设计要求就比较突出。而工业、农业等生产性建筑物的车间和用房，相对地对生产工艺流程以及室内物理环境（如温度、湿度、光照、设施、设备）的要求较为严格。

公共空间分类的意义主要在于：使设计者在接受室内设计任务时，首先应该明确所设计的室内空间的使用性质，亦即所谓设计的"功能定位"；其次根据室内设计造型风格，确定色彩和照明以及装饰材质的选用，将设计对象的物质功能和精神功能紧密联系在一起。例如，宾馆大堂空间与剧院空间相比较，前者强调功能分区的合理性和空间环境的华丽氛围；后者侧重于声学方面的要求，造型上追求形式与功能的结合。

第三节　公共空间的发展

一、西方古典时期建筑的公共空间

西方古典时期建筑的公共空间可以追溯到古希腊和古罗马时期，其建筑也相应地被称为古典希腊建筑、古典罗马建筑。两者既有联系又有区别。总的来说，古希腊建筑是欧洲建筑的发源地，古罗马建筑继承了古希腊建筑的成就，又在其基础上有着非凡的创造，达到了古典时期建筑的最高峰。

（一）古希腊建筑的公共空间

古希腊建筑的公共空间源于市民公共活动的需求，公共活动的需求是公共建筑物大量兴建的重要原因。现存的建筑物遗址，如露天剧场、竞技场、市政广场、神庙都深深地体现了古希腊人的文化。

露天剧场是观看戏剧表演的地方，戏剧大约于公元前6世纪出现于雅典，而后迅速传遍整个希腊，到古典建筑兴起时，露天剧场已经成为城邦的标志性建筑之一。作为戏剧表演和观看戏剧的场所，露天剧场是一个典型的公共空间（图1-3-1）。

竞争精神是希腊人最重要的精神，而体育竞技则是希腊人表现其竞争精神的最主要形式之一。因此，体育场馆同样是城邦重要的公共生活空间。市政广场是希腊城邦经济和政治生活的中心，这里是最大的集市，店铺林立，人们定期从各地聚集到这里从事买卖。同时这里又是市政建筑集中的地方，是城邦公共生活和政治生活的空间。

古希腊早期神庙的"圣堂"是用来祭祀守护神的场所。建筑内部是守护神的祭坛。在建筑外部，举行的是对守护神的祭祀活动，因此神庙的外部空间也就显得格外重要。在长期的实践过程中，希腊人逐渐认识到这一点，并发展出围廊式的神庙建筑形制。其中，帕特农神庙是围廊式神庙建筑形制的经典之作，代表了古希腊建筑艺术的最高水平（图1-3-2）。

图1-3-1 酒神剧场遗址

图1-3-2 帕特农神庙遗址

　　帕特农神庙平面呈长方形，神庙基座长70米、宽31米，东西两立面（全庙的门面）山墙顶部距离地面19米，其立面高与宽的比例为19∶31，接近希腊人喜爱的"黄金分割比"，因此它让人觉得优美无比。其内部空间被分成东、西两半，朝东的一半是一个不大的封闭的圣堂，圣堂内部除大门一面之外，另外三面都有多立克列柱，神庙主殿的中央，立有守护神雅典娜的雕像。在圣堂之外，有一个四周环绕的柱廊空间，这是为人们祭祀守护神时，环绕神庙举行游行和礼仪而设的空间，或者说是为人而设的空间。神庙西部比主殿小，内有4根爱奥尼式柱支承屋顶，旧时曾用来存放财宝和档案。其实，构成这些柱廊的柱子本身就已经体现了古希腊人以人体为美的人本主义思想。多立克柱式是模仿男性人体，爱奥尼柱式是模仿女性人体（图1-3-3）。帕特农神庙全部是用雕刻和浮雕装饰起来的，其题材既有神话故事、人与神之战、人与半神之战，也有对人本身的直接歌颂。

图1-3-3　古希腊三大柱式：多立克、爱奥尼、科林斯

（二）古罗马建筑的公共空间

古罗马继承了古希腊宗教神与人交融的观念，但在神庙建筑的形制上却有着不同的表现。古罗马神庙不像古希腊神庙那样建在圣地，而是建在城市广场边；也不像古希腊神庙那样采用围廊式，而是采用前廊式（图1-3-4）。万神庙是古罗马宗教膜拜诸神的庙宇（图1-3-5），曾是现代结构出现以前世界上跨度最大的建筑物。坐南朝北、集古罗马穹隆和古希腊式门廊大全于一体的万神庙，门廊正面有8根科林斯式柱子，柱头为白色大理石，柱身为红色花岗石，其山花与柱式比例属罗马式，圆形正殿部分是神庙的精华。万神庙的直径与高度均为43.43米，上覆穹隆，穹隆以混凝土浇筑而成，底部厚6米，向上则渐薄，顶部厚1米，到中央处开设有一直径为8.23米的圆洞，供采光之用。结构为混凝土浇筑，为了减轻自重，厚墙上开有壁龛，龛上有暗券承重，龛内放置神像。神庙外部造型简洁，内部空间在圆形洞口射入的光线映照之下宏伟壮观，带有神秘感，室内装饰十分华丽（图1-3-6）。

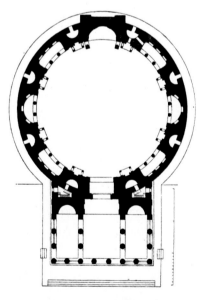

图1-3-4　万神庙平面图

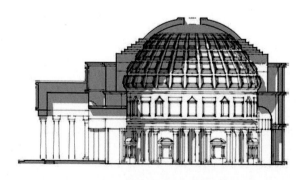

图1-3-5　万神庙剖面图

图1-3-6　万神庙内部

可以看出，从帕特农神庙到万神庙，虽然内部空间和柱廊空间都发生了变化，但有一点是相同的，即建筑空间追求神与人的交融，但神与人的交融是在建筑物外部，而不是在建筑物内部。

罗马大角斗场是罗马帝国内规模最大的一个椭圆形角斗场，它长轴187米，短轴155米，周长527米，中央为表演区，地面铺着地板，外面围着层层看台（图1-3-7）。看台约有60排，按等级分为5个区，可容纳5万人左右。底下是服务性的地下室，内有兽栏、角斗士预备室、排水管道等。结构为罗马建筑中常见的混凝土筒形拱与交叉拱，这对建筑物内部所用的上下纵横交错的交通系统是适宜的。场内设有80个出入口，以便疏散人群（图1-3-8）。立面高48米，分4层，底下3层为连续的券柱式拱廊。各层采用不同的柱式构造，由下而上依次为塔司干式、爱奥尼式与科林斯式。第4层为实墙，外饰以科林斯式壁柱。这样的立面处理既与该建筑物面向周围四面八方一致，也使其建筑风格显得开朗明快且富于节奏感。

图1-3-7　罗马大角斗场遗址

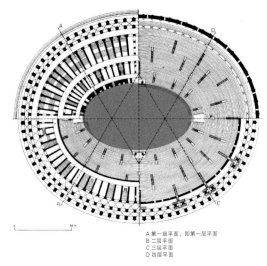

A 第一级平面，即第一层平面
B 二层平面
C 三层平面
D 四层平面

图1-3-8　罗马大角斗场平面图

公共浴场在古罗马并不单为沐浴之用，而且是一种综合社交、文娱、健身等活动的场所。卡拉卡拉大浴场位于罗马市中心边缘的南部，始建于212年，216年竣工使用，总面积达16万平方米，规模相当于一个小城镇。整个浴场的地面和墙壁都是用来自罗马帝国不同地区的珍贵彩色大理石铺嵌而成的，这些大理石的墙面上，还要饰以精美的图案和绘画。在浴场每个转弯处的上方，都立有一尊雕像。浴场内设冷、温、热水浴3个部分，每个浴室周围都有更衣室等辅助性用房。浴场结构为梁柱与拱券并用，并能按不同的要求选用不同的形式。冷水浴是一露天浴池，四周墙上装有钩子，可能为拉帐篷之用。温水浴的中央大厅顶部是由3个十字拱横向相接而成的，上面的侧窗提供了充分的光线。热水浴是一个上有穹隆的圆形大厅，穹隆直径为35米，厅高49米，中央是浴池，墙内设有热气管道。室内装饰华丽，并设有许多凹室与壁龛，建筑功能、结构与造型在此是统一的，并创造了动人的空间序列（图1-3-9）。

古罗马的巴西利卡是一种综合用作为法庭、交易所与会场的大厅性建筑。平面一般为长方形；两端或一端有半圆形龛。大厅常被2排或4排柱子对分为3个部分或5个部分，当中部分宽而且高，称为中厅，两侧部分狭窄且低，称为侧席，侧廊上面常有夹层。

315年，君士坦丁一世在台伯河西岸原卡利古拉赛车场附近的使徒彼得墓地上建造了老圣彼得巴西利卡大教堂。这是一座五廊身的大型巴西利卡，4列柱子将空间纵向分为5个部分，其中长达122米的中厅又高又宽，高出的部分开设侧窗用以采光。除了最外道侧廊外，主要的屋顶都采用传统的木桁架构造（图1-3-10、图1-3-11）。

古罗马建筑在材料、结构、施工与空间的创造等方面均有很高的成就。在空间创造方面，重视空间的层次、形体与组合，并使之达到宏伟与富于纪念性的效果。在结构方面，罗马人在伊特鲁里亚和希腊的基础上发展了综合东、西方的梁柱与拱券结合的体系，罗马拱顶通常有筒形拱（图1-3-12）和交叉拱（图1-3-13）两种。交叉拱由两个筒形拱相交而成，相交处形成棱沟，又称棱拱，它使内部空间宽敞并利于采光。

图1-3-9　卡拉卡拉大浴场复原图

图1-3-10　老圣彼得巴西利卡大教堂

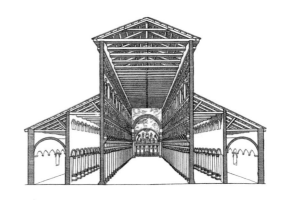

图1-3-11　老圣彼得巴西利卡大教堂木桁架构造

图1-3-12　筒形拱

图1-3-13　交叉拱

（三）中世纪建筑的公共空间

在中世纪，欧洲基督教盛行，基督教会占统治地位，基督教会一方面摒弃了古希腊、古罗马的古典文化，另一方面发展了宗教建筑新的形制。虽然欧洲这一时期的各种公共建筑逐渐增多，包括拜占庭建筑、罗马风建筑、哥特式建筑三大类型，但具有代表性的建筑物均为教堂。

1. 拜占庭建筑的公共空间

拜占庭建筑创造了把穹顶覆盖在4个或更多的独立支柱上的结构方式以及相应的集中式建筑形制。代表性建筑是君士坦丁堡的圣索菲亚大教堂，它是东正教的中心教堂，教堂东西长77米，南北长71米。中央穹隆突出，四面体量相仿但有侧重，前面有一个大院子，正南入口有两道门庭，末端有半圆神龛。中央穹顶下的空间与东西两侧的空间是完全贯通的，而与南北两侧的空间是明确隔开的，方便举行宗教仪式。东西两侧的半穹顶向中央圆形穹顶层层抬高，不仅形成了逐渐扩大的空间层次，而且有了明确的向心性，突出了中央空间的统率地位，集中而统一。南北两侧的空间是透过柱廊与中央空间相通的，内部空间丰富多变。穹隆之下，与柱之间，大小空间前后上下相互渗透。穹隆底部密排着一圈40个窗洞饰有金底的彩色玻璃镶嵌画，光线射入时形成的幻影，使大穹隆显得轻巧空灵（图1-3-14）。

2. 罗马风建筑的公共空间

10世纪后，居于主导地位的基督教会和不断扩展的修道院，要求有大量的新建筑和艺术作品来表现他们对基督教的虔诚信仰。修道院逐步发展为城市教堂，成为当时建筑空间成就的主要代表，宗教建筑进入了新的发展阶段。

基督教堂建筑平面在古罗马长方形巴西利卡的形制上发展成拉丁十字巴西利卡，材料大多来自古罗马废墟，继承了古罗马的半圆形或稍尖的拱券、桶形穹隆、交叉拱、简化的古典柱式、支撑拱顶的十字形柱墩等结构。以拱顶取代肋，创造了肋扶壁、肋骨拱与束柱结构。建筑风格朴素亲切、雄浑敦厚，建筑的外部与室内彼此相呼应。在设计方面也趋向于将结构与形式密切结合，使用承重的墩子或扶壁与间隔轻薄的墙体，并创造了肋料拱顶。这一时期的建筑称为罗马风建筑。建于1063—1278年间的意大利比萨大教堂是罗马风建筑的典型代表（图1-3-15）。

图1-3-14　圣索菲亚大教堂内部

图1-3-15　比萨大教堂

大教堂的南墙由一连串封闭的拱门组成，这些拱门的高度、跨度与纹饰都不一样。这种效果和早期巴西利卡教堂内部整齐的序列结构形成鲜明对比。教堂平面呈拉丁十字形，长95米，纵向4排68根科林斯式圆柱。纵深的中堂与宽阔的耳堂相交为一椭圆形拱顶所覆盖，中堂用轻巧的列柱支撑着木架结构的屋顶。大教堂正立面高约32米，底层入口处有3扇大铜门，上有描写圣母和耶稣生平事迹的各种雕像。大门上方是几层连列券柱廊，以带细长圆柱的精美拱券为标准，逐层堆叠为长方形、梯形和三角形，布满整个大门正面。教堂外墙用红白相间的大理石砌成，色彩鲜明，具有独特的视觉效果。

建于11—12世纪，位于法国卡昂的圣埃蒂安教堂内部体现了典型的罗马风。值得注意的是，拱在这时又有了许多改进。首先，原来由两个筒拱交叉得到的十字拱变为由3个筒拱交叉得到的六分拱。十字拱只有4条棱，而六分拱有6条棱。其次，当时的建筑师还发明了"肋"，用以加强拱交叉处的6条棱，其目的仍然是为了加强拱的承重能力（图1-3-16）。

图1-3-16　圣埃蒂安教堂内部

3. 哥特式建筑的公共空间

哥特式建筑的形式特点是尖塔高耸、尖形拱门、大窗户及绘有圣经故事的花窗玻璃，在设计中利用尖肋拱顶、飞扶壁、修长的束柱，营造出轻盈修长的飞天感。新的框架结构增加了支撑顶部的力量，整个建筑以直升线条、雄伟的外观、空阔的内部空间，再结合镶着彩色玻璃的长窗，使教堂内产生一种浓厚的宗教气氛。教堂的平面基本仍为拉丁十字形，但其西端门的两侧增加了一对高塔。

在哥特式教堂的发展中，各国也形成了某些自己的特点。如法国代表作巴黎圣母院平面虽然是拉丁十字形，但横翼突出很少。西面是正门入口，东头环殿内有环廊，许多小礼拜室呈放射状排列。教堂内部特别是中厅高耸，有大片彩色玻璃窗（图1-3-17）。其外观上的显著特点是有许多大大小小的尖塔和尖顶，西边高大的钟楼上有的也砌了尖顶。平面十字交叉处的屋顶上有座很高的尖塔，飞扶壁和墙垛上也都有玲珑的尖顶，窗户细高，整个教堂向上的动势很强，雕刻极其丰富（图1-3-18）。西立面是该建筑物的重点，其典型构图是：两边一对高高的钟楼，下面由横向券廊水平连接，3座大门由层层后退的尖券组成透视门，券面布满雕像。正门上面有个大圆窗，称为玫瑰窗，雕刻精巧华丽（图1-3-19）。

图1-3-17　巴黎圣母院内部

图1-3-18　巴黎圣母院飞扶壁

图1-3-19　巴黎圣母院西立面

　　英国教堂不像法国教堂那样矗立于拥挤的城市中心，力求高大，它往往位于开阔的乡村环境中，作为复杂的修道院建筑群的一部分，比较低矮，与修道院一起沿水平方向伸展，装饰更自由多样。工期一般都很长，其间不断改建、加建，很难找到整体风格统一的，其代表作是索尔兹伯里大教堂。

　　意大利教堂并不强调高度和垂直感，正面也没有高钟塔，而是采用屏幕式的山墙构图，屋顶较平缓，窗户不大，往往尖券和半圆券并用，飞扶壁极为少见，雕刻和装饰则有明显的罗马古典风格，其代表作是米兰大教堂（图1-3-20、图1-3-21）。

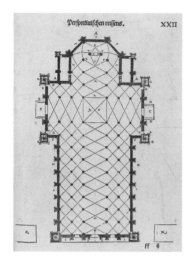

图1-3-20　米兰大教堂平面图

图1-3-21　米兰大教堂内部

图1-3-22　科隆大教堂

　　科隆大教堂是欧洲北部最大的教堂，它以法国兰斯主教堂和亚眠主教堂为范本，是德国第一座完全按照法国哥特盛期样式建造的教堂。教堂东西长144.55米，南北宽86.25米，面积相当于一个足球场。它是外部以两座最高塔为主门、内部以十字形平面为主体的建筑群，极为壮观（图1-3-22）。一般教堂的长廊多为东西向三进，与南北向的横廊交会于圣坛成十字架；科隆大教堂为罕见的五进建筑，内部空间挑高又加宽，其中厅内部高达42米，高塔将人的视线引向高空，直向苍穹。

　　从罗马风发展到哥特式教堂，若对其内部空间的属性进行分析，可以看到，教堂东端圣坛所处的半圆形空间，代表着神的空间。圣坛的西侧是祭坛，这里是教士们举行宗教礼仪的地方，因而是一个中介性的空间。祭坛的西侧是中厅和侧廊，这里是信徒们的空间，代表着人的空间。西欧中世纪的教堂建筑空间，体现了以神为中心的空间特征。

（四）文艺复兴时期的公共空间

佛罗伦萨大教堂，也被称为圣母百花大教堂，是文艺复兴的第一个标志性建筑（图1-3-23）。由文艺复兴奠基人伯鲁涅列斯基设计，大教堂的穹顶建成之后引起极大轰动。它的主要特征是扬弃象征着基督教神权统治的中世纪哥特式建筑风格，采用体现着和谐理性的古代希腊罗马柱式构图要素，将各个地区的建筑风格同古典柱式融合一起，由此形成了文艺复兴时期的建筑风格。佛罗伦萨大教堂的穹顶是世界最大穹顶之一。穹隆坐落于高达55米的鼓座之上，八边形对边跨度42米，拱矢高度超过30米，呈柔和的尖拱形状。设计者针对跨度极大、横向力极大的特点，构造了呈八角形的鼓座，穹顶采用尖拱截面和双层壳体。整个穹顶总体外观稳重端庄、比例和谐，水平线条明显。这座穹顶把文艺复兴时期的屋顶形式和哥特式建筑风格完美地结合起来了，其历史意义是在建筑空间中突破了教会的精神专制。其外墙以白、绿、粉色条纹大理石砌成各式格板，上面加上精美的雕刻马赛克和石刻花窗，呈现出非常华丽的风格。

图1-3-23　佛罗伦萨大教堂

二、中国传统空间概述

（一）中国早期建筑空间的发展

中国早期建筑的室内空间经历了从穴居和巢居，到半穴居和干栏式建筑，再到地面建筑（图1-3-24、图1-3-25），进而发展到夏、商、周时期形成的木构架建筑体系的漫长演化过程。

一方面，原始建筑的空间组织有长足的进展。西安半坡遗址的"一明两暗"基本形制为木构架建筑奠定了发展基础。"一堂三室"格局，反映出兼备首领居所和公共集会的功能，是已知最早的"前堂后室"实例。另一方面，夏、商、周三朝继承原始穴居和干栏式的营造经验，发展了夯土技术。在大型建筑工程中，把木构技术与夯土技术相结合，形成了"茅茨土阶"的构筑方式。夏朝晚期的二里

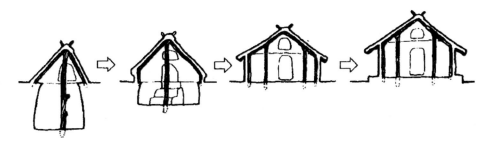

图1-3-24　北方：由穴居到半穴居的地面建筑

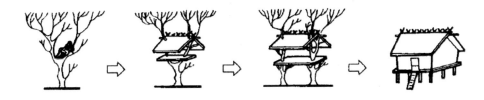

图1-3-25　南方：由巢居到干栏式的地面建筑

头宫殿遗址充分展示了这一特点（图1-3-26），二里头宫殿是一座相当严整的院落式建筑，由二进院落组成。中轴线上依次为影壁、大门、前堂、后堂。前堂与后堂之间有廊连接。门、堂、室的两侧为通长的厢房，将庭院围成封闭空间。院落四周有檐廊环绕。房屋基址下设有排水陶管和卵石叠筑的暗沟，以排除院内雨水。屋顶用瓦铺设，显示了中国建筑以土、木、瓦、石为基本用材的悠久传统。如图1-3-27所示，西周的凤雏宫殿进一步将"茅茨"演进为"瓦屋"。春秋、战国时期盛行台榭建筑，推出了以阶梯形土台为核心、逐层架立木构房屋的一种土木结合的新方式，利用简易技术建造大体量建筑。建筑组群空间的庭院式布局已经形成，既有体现"门堂之制"的廊院，也出现了纵深串联的合院。中国传统院落式建筑群开始成型。

图1-3-26　二里头宫殿复原模型

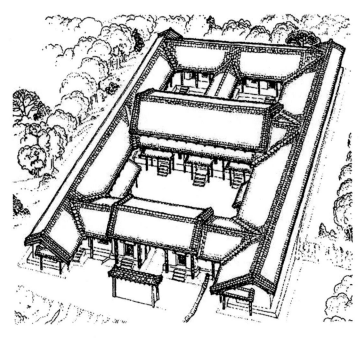

图1-3-27　西周的凤雏宫殿复原图

随着院落式建筑群的兴起，中国早期城市的两种形态"择中型"和"因势型"布局已初见端倪，从夏商都城到东周列国都城的考古遗址可以看出，以小城作宫城、以大城（都城）划分里坊的封闭性都城格局已经形成。《考工记》记载"匠人营国，方九里，旁三门。国中九经九纬，经涂九轨，左祖右社，面朝后市，市朝一夫"。如图1-3-28所示，从此时起，方形的城市平面与经纬分明的城市街道所构成的城市面貌被以后历朝历代所沿用，形成了我国古代城市独特的布局和结构。

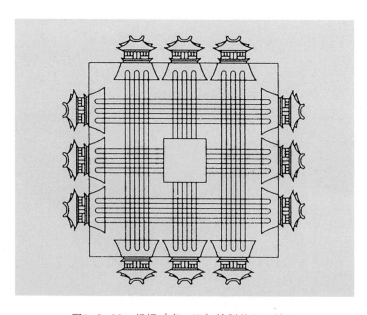

图1-3-28　根据《考工记》绘制的周王城图

（二）秦汉时期的建筑空间

公元前221年秦始皇统一六国后，集全国之人力、物力与六国成就，使原来各个地方的建筑形式和不同的技术经验得以融合并得到了一定的发展。除在咸阳兴建了"六国"宫殿外，还在渭河以南陆续修建了阿房、章台、信宫以及诸庙等，形成了一个新的、庞大的宫殿建筑群（图1-3-29）。

图1-3-29　秦咸阳一号宫殿复原模型

秦代建筑有三大特点：一是其建筑的规模巨大，所涉及的建筑形式种类多，对后世的影响也大。咸阳是秦朝的都城，秦始皇统一各国后又在原有都城的基础上兴建数量众多的新宫，形成了以咸阳信宫为中心的建筑群。该建筑群在功能上以信宫作为大朝，原有的旧宫成为后宫，阿房宫是信宫的前殿。二是在建筑营造中汇集了各地的能工巧匠，综合运用了各地的建筑经验。修建大规模宫殿采用的是在夯土台基上架木构的方式，建造多层建筑，并且还在此基础上有了创新和发展。三是秦建筑木构件墙面和地面制作技术精良。墙壁按制作方法不同分为应用广泛的夯土墙和全部用土坯砌成的土坯墙等。

两汉是中国古代第一个中央集权的、强大而稳定的王朝。整个汉代是我国封建社会中历史最长久的朝代，兴建了大量不同风格和功能的建筑。汉代的建筑活动主要集中在宫殿建筑的营造方面。汉高祖时在原秦兴乐宫的基础上扩建为长乐宫，随后又在其西面建未央宫。作为正式宫殿的未央宫前殿，建在南北向约400米，东西向约200米的夯土台上，仍属于高台建筑。未央宫是萧何主持建造的，主体建筑用时9年完成，以后经历代不断添造和发展，在汉武帝时才全部完成（图1-3-30）。汉武帝时又建建章宫，规模大于未央宫。建章宫由骀荡宫、函德殿、鼓簧宫、凉风台、神明台等36座宫殿组成，是西汉最豪华宏丽的宫殿，有"千门万户"之誉。汉代的宫殿格局是以前殿为其主体建筑，两侧设东西厢，前殿用于大朝，东西厢用于日常朝会，形成三朝横列的形制。这种形制与《考工记》所记载的周代纵列三朝的制度不同。后来，两晋、南北朝宫殿的前殿受到汉代东西厢建筑形制的影响，在主殿的两侧建东西堂，主殿进行大朝，东西堂作为日常朝会之所。

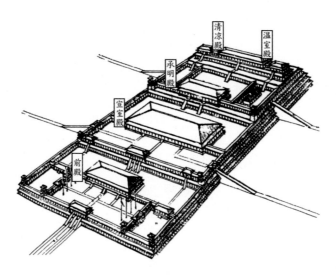

图1-3-30　未央宫复原图

纵观两汉时期的建筑发展，宫殿、苑囿等皇家建筑以及明堂、辟雍、宗庙等礼制建筑占主导地位（图1-3-31）。在东汉末期还出现了佛教寺庙建筑。多层重楼的兴起和盛行，标志着木构架结构整体性的重大进展。台榭建筑发展到东汉时期，已被独立的、大型多层的木构楼阁所取代。建筑组群已达到庞大规模，未央宫有"殿台四十三"，建章宫号称"千门万户"。所有这些建筑都显示出中国木构架建筑到两汉时期已进入体系的形成期。

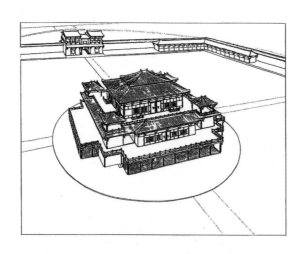

图1-3-31　汉长安明堂、辟雍遗址复原图

（三）魏晋南北朝的建筑空间

从东汉末年经三国、魏晋到南北朝，是我国历史上政治不稳定、战争频发、大半时间处于分裂状态的一个阶段。但是，佛教的传入引起了佛教建筑的发展，出现了高层佛塔，并带来了印度、中亚一带的雕刻、绘画艺术，这不仅使我国的石窟、佛像壁画等有了巨大发展，还影响到了建筑艺术，使汉代以来比较质朴的建筑风格变得更为成熟、圆淳。

在梁武帝统治时期，寺院主要有两种形制，一种为中心塔型寺院形制。寺院的布局方式是以塔为中心，四周由廊庑或院墙围成院落，这一形制源于印度早期的模式，其代表建筑是河南洛阳的永宁寺（图1-3-32）。永宁寺建于北魏时期，寺的平面为方形，采用在中轴线上设置主要建筑的布局方式，前有寺门，门内建有藏置舍利子的9层佛塔一座，塔后是佛殿，四周围绕塔和殿堂有1000多间楼阁以供僧侣们住宿。围墙四面各开一门，门有3层或2层的门楼。这种中间是主体建筑的布局方式来自印度，而后又结合当时中国的礼制制度建成了当时最大的永宁寺。另一种是院落型寺院形制。院落型寺院是贵族官僚们在宅院中建寺的产物，王侯贵族宅地盛行"舍宅为寺"。这种制式是在院落的基础上发展起来的，前厅为佛殿，后堂为讲堂。

图1-3-32　北魏永宁寺

佛教由印度经西域传入中国，初期佛寺布局与印度相仿，而后佛寺进一步中国化，不仅把中国的庭院式木构架建筑应用在佛寺建筑中，而且使园林也成为佛寺的一部分。魏晋、南北朝时期随着城市的发展，兴建了不少园林建筑。南朝园林的建造主要有两种形式：一是全为临摹自然景观的人工造景园；二是在自然环境中建造少量建筑构成的自然景观。这两种景物布置虽不同，但都以追求自然、增添情趣为主，以精美见长。北朝苑囿与南朝苑囿不同，注重建筑的巨大美观和人工的技巧，其中以邺城的新城，即邺南城的苑囿为代表，从东魏建南城起就建有华林园，后经北齐扩建改称玄洲苑。这时的园林建造受大一统思想的影响，其布局为五山五池型，以象征五岳四海归一。北朝的私家园林大致可以分为两类：一是建在住宅旁边的园林；二是挑选山水俱佳的环境建园林化的庄园。总体上南方园林有较高的文化内涵，注重在园林中蕴含思想和哲理，北方园林则大多注重朴实，这一时期无论从造园的技巧还是手法上来说都有很大进步。

（四）隋唐时期的建筑空间

隋唐是中国封建社会的鼎盛时期。唐长安城也是在隋代的大兴城基础上扩建的。唐代宫殿建筑空间组合与建造水平进一步提高，佛寺建筑有新发展。中国木构架建筑体系在唐代初期迈入了发展的成熟期，砖石建筑的外形已开始朝仿木的趋势发展，建筑形象规模宏大，气势磅礴，从总体、单体到局部都显现有机的联系。

隋朝建立后，仍以北周的旧长安城作都城。582年，隋文帝下令营建新都大兴城，大兴宫坐落在大兴城中轴线北端。大兴殿位于宫城的中央，东临东宫，西连掖庭宫，南接皇城，北抵西内苑。承天门是举行大典之处，为大朝；大兴殿是皇帝听政之处，为日朝；两仪殿是皇帝隔日见群臣听政之处，是常朝。

唐初兴建的大明宫沿袭了传统的前朝后寝的制度，整个建筑体现了廊庑院式的格局特点。宫城轴线南端，依次坐落着外朝含元殿、中朝宣政殿和内朝紫宸殿。宫城的北部地势低洼，开辟了以太液池为中心的园林区。池西高地上建有一组大型建筑——麟德殿，是宫内一处规模庞大的宴乐场所。其底层面积合计约5000平方米，由四座殿堂（其中两座是楼）前后紧密串联而成，是中国最大的殿堂（图1-3-33）。

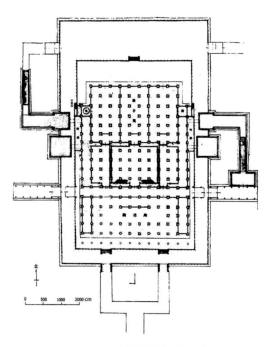

图1-3-33 大明宫麟德殿复原一层平面图

麟德殿由数座殿堂高低错落地结合在一起，以东西的较小建筑衬托主体建筑，使整体形象更为壮丽、丰富。麟德殿是从早期聚合型的台榭建筑向后期离散型的殿庭建筑演变的一种过渡形态（图1-3-34）。

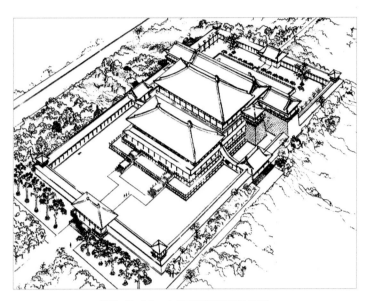

图1-3-34　大明宫麟德殿复原图

隋唐在佛寺建筑方面也有新的发展，主要表现在以下三方面。首先，主体建筑居中，有明显的纵向中轴线。由三门（象征"三解脱"，亦称山门）开始，纵列若干重殿阁。中间以回廊连成几进院落。在主体建筑两侧，排列若干小院落，各有特殊用途，如净土院、经院、库院，主体与附属建筑的回廊常绘壁画，成为画廊。其次，隋唐寺院既是宗教活动中心，也是公共文化中心，带有民俗文化娱乐性质的俗讲和歌舞戏的演出，使佛寺建筑更加具有公共文化性质。最后，寺院经济大发展，生活区扩展，不但有供僧徒生活的僧舍、斋堂、仓库、厨房等，有的大型佛寺还有磨坊、菜园。许多佛寺出租房屋供俗人居住，带有客馆性质。如佛光寺就是隋唐佛寺建筑的代表作之一（图1-3-35、图1-3-36）。

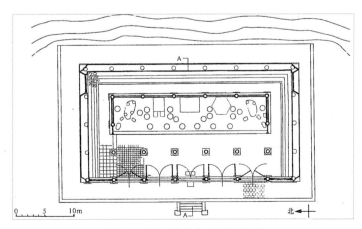

图1-3-35　佛光寺大殿平面图

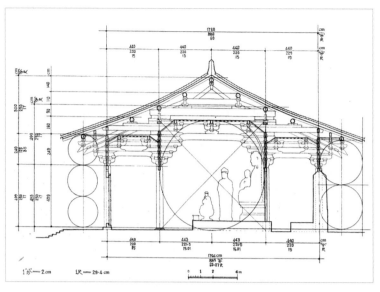

图1-3-36　佛光寺大殿剖面图

佛光寺创建于北魏孝文帝时期（471—499年）。按五代时记载，寺内曾有3层7间高31.6米的弥勒大阁，依地势推测，阁可能建于现在的第2层平台上，为全寺主体，当时与东大殿并存，极为兴盛。现存寺内的唐代木构、泥塑、壁画、墨迹，与寺内外的魏（或齐）唐墓塔、石雕交相辉映。东大殿是该寺的主殿，位于最上一层院落，在所有建筑中位置最高，大有俯瞰全寺、压倒一切的气派。大殿面阔7间，进深4间，单檐庑殿顶，总面积677平方米。正殿外表朴素，柱、额、斗拱、门窗、墙壁，全用土红涂刷，未施彩绘。佛殿正面中五间装板门，两尽间则装直棂窗。大殿出檐深远，殿顶用板瓦铺设，脊瓦条垒砌，正脊两端，饰以琉璃鸱尾。檐柱头微侧向内，角柱增高，因而侧脚和生起都很显著。殿的平面由檐柱一周及内柱一周合成，分为内外两槽。殿的梁架分为明栿和草栿两大类，明栿在天花板以下，草栿在天花板以上。平梁上面用大叉手，两叉手相交的顶点与令拱相交，令拱承托替木与脊檩，是唐朝时期建筑固有之规定。柱头卷杀作覆盆样，前檐诸柱的基础上均有覆盆，以宝装莲花为装饰，每瓣中间起脊，脊两侧突起椭圆形泡，瓣尖卷起作如意头。总之，东大殿表现了结构与艺术的高度统一，反映出木构架建筑进入了成熟时期的夺目风采。

（五）宋代的建筑空间

北宋东京汴梁宫城是在唐汴州衙城的基础上仿洛阳宫殿改建的（图1-3-37）。宫城由东、西华门横街划分为南北二部。南部中轴线上建大朝大庆殿，面阔9间，两侧有东西挟殿各5间，东西廊各60间，殿庭广阔，可容数万人，是举行大朝会的场所，其后北部建日朝紫宸殿是节日举行大型活动的场所。在西侧并列一南北轴线，南部为带日朝性质的文德殿，北部为常朝垂拱殿，是皇帝和后妃们的居住区。紫宸殿在大庆殿后部，而轴线偏西不能对中，整体布局不够严密。但各组正殿均采用工字殿，是一种新创，对金、元宫殿有着深远影响。汴梁宫城正门宣德门，墩台平面呈倒凹字形，上部由正面门楼、斜廊和两翼朵楼、穿廊、阙楼组成。宣德门为"冂"形的城阙，中央是城门楼，门墩上开五门，上部为带平座的七开间四阿顶建筑，门楼两侧有斜廊通往两侧朵楼，朵楼又向前伸出行廊，直抵前部的阙楼。宣德楼采用绿琉璃瓦，朱漆金钉大门，门间墙壁有龙凤飞云石雕。

图1-3-37　北宋东京汴梁宫殿复原模型

正定隆兴寺在河北省正定县城东隅，创建于隋代。寺院主要建筑沿纵深轴线布置。院落空间纵横变化，殿宇楼阁高低错落，主次分明。寺内主体建筑大悲阁高33米，阁内供奉24米高42臂的铜制观音像（即千手观音）。寺内摩尼殿建于北宋皇祐四年（1052年），面阔、进深皆7间，十字形平面，内部采用殿堂型构架，重檐歇山顶，四面出抱厦。转轮藏和慈氏阁皆为宋代楼阁，反映出唐末至北宋期间以高阁作为全寺中心的高型佛寺建筑的特点（图1-3-38）。

图1-3-38　隆兴寺

天津蓟州独乐寺重建于辽统和二年（984年），山门面阔3间，进深2间，屋顶为五脊四坡形，也称为四阿大顶、四柱顶，坐落在低矮的台基上。该建筑柱子有生起和侧脚，柱上斗拱雄大，出檐深远如飞翼，屋顶平缓，是辽代继承唐代风格的典型代表。寺中观音阁，面阔5间，进深4间，单檐歇山顶，外观2层，内看3层，中间设有1暗层，阁高23米，造型古朴端庄。因梁柱接榫位置、功能不同，共用斗拱24种。柱子布置成内外两环，中部空间作成六角形空井，直通3层，以容纳16米高的观音像。在构架的4个角部及空井，均有柱间斜撑或斜梁，形成空间型结构体系（图1-3-39至图1-3-41）。

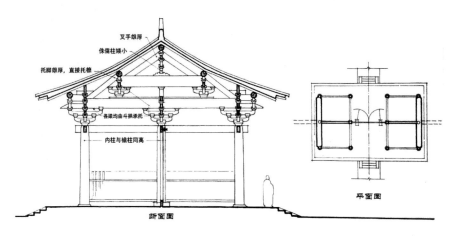

图1-3-39　独乐寺山门剖面图

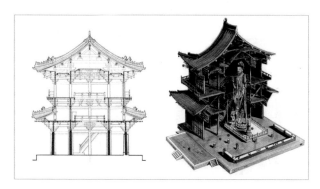

图1-3-40　独乐寺观音阁剖面图

图1-3-41　独乐寺观音阁复原图

（六）元明清时期的建筑空间

元代的建立实现了全国大统一。元朝的宗教信仰比较自由，对藏传佛教尤其尊崇。在建筑方面元大都大内宫殿的形制反映出元代"帝后并尊"的思想；由于藏传佛教被奉为国教，促进了藏传佛教建筑的发展，加强了汉藏建筑文化的交流；来自中亚的伊斯兰建筑在大都等地区陆续兴建，并开始出现中国式的伊斯兰建筑空间。

　　元大都大内宫殿（宫城）在皇城东部，居大城中轴线上。根据大内宫殿复原图可以看出，宫城四角设有角楼，辟南、北、东、西四门，如图1-3-42所示。工字殿抬起三重工字形大台基。大明殿和延春阁前东西庑均建钟楼、鼓楼。前宫和后宫差别在于殿、阁，在形制上两组宫院大体相同，在规模上后宫宫院略小于前宫，反映出了元代"帝后并尊"的特点。大都的宫前广场继承金中都的丁字形，但位置从宫城正门崇天门移到皇城正门棂星门前，并在棂星门与崇天门之间设置第二道广场，由此使宫禁更加森严，也强化了宫前纵深空间的层次，为明清北京的宫前广场奠定了雏形。元大都宫殿上承宋、金，下启明、清，是中国宫殿建筑形制发展的一个重要环节。

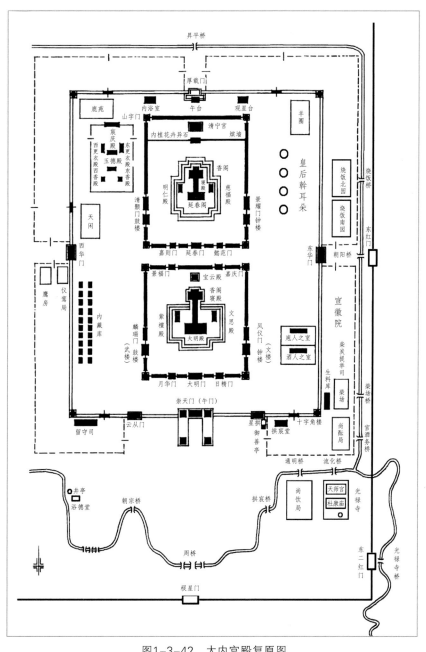

图1-3-42　大内宫殿复原图

明朝是一个强大、统一的多民族国家。明初，经过约半个世纪的恢复和发展，经济逐步繁荣，促进了各类建筑的发展，明初定都南京，后迁都北京，两地大规模兴建宫殿、坛庙和寺观等建筑。

满洲贵族入主中原，建立清王朝，在建筑上接受了汉族的建筑艺术与技术，保留了明代的北京宫殿建筑，至于民居方面更普遍地接受了汉族的四合院形制。

清代对宗教采取普遍开放的政策，尤对藏传佛教给予极大的重视。藏传佛教建筑具有神秘的艺术色彩，在其空间布局、艺术造型、装饰风格等方面都有创造与发展，为传统佛教建筑增添了新的艺术营养，并为其他宗教建筑的发展提供了借鉴。与明代建筑状况相对比，清代在宫殿建筑、园林建筑、佛教建筑、民居建筑四方面有着巨大的成就。

北京紫禁城是明清两朝的宫城，位处北京内城中心，南北长961米，东西宽753米，占地72万平方米。宫城是不规则的方形，主要建筑都建在长达7500米的中轴线上，这条中轴线是全城的主干线。在这条中轴线上，紫禁城以午门门庭、太和门门庭、太和殿殿庭、乾清门门庭、乾清宫殿庭和太和、中和、保和三大殿建筑及乾清、交泰、坤宁后三宫建筑，组成了严谨、庄重、脉络清晰、主次分明、高低起伏、纵横交织的空间序列，体现了帝王宫殿的磅礴气势（图1-3-43）。

紫禁城明确地体现了"择中立宫"的意识。宫城四面各辟一门，南面正门为午门，北面后门为神武门（明称玄武门），东西两侧为东华门、西华门；城墙四角各有一座角楼。角楼采用曲尺形平面，上覆三重檐歇山十字脊折角组合屋顶，以丰美多姿的形象与紫禁城城墙的敦实壮观形成强烈的对比。紫禁城建筑大体分为内廷、外朝两大部分。内廷布局符合"前朝后寝"的规制。内廷后部是皇帝及其家族居住的"寝"，分中、东、西三路。中路沿中轴线布置正宫，依次建乾清宫、交泰殿、坤宁宫，通称"后三宫"，其后为御花园。东西两路对称地布置东六宫、西六宫作为嫔妃住所。东西六宫的后部，对称地安排乾东五所和乾西五所10组三进院，原规划用作皇子居所。东六宫前方建奉先殿（设在宫内的皇帝家庙）、斋宫（皇帝祭天祀地前的斋戒之所）。西六宫前方建养心殿。从雍正开始，养心殿成为皇帝的住寝和日常理政的场所。西路以西，建有慈宁宫、寿安宫、寿康宫和慈宁宫花园、建福宫花园、英华殿佛堂等，供太后、太妃起居、礼佛，这些建筑构成了内廷的外西路。东路以东，在乾隆年间扩建了一组宁寿宫，作为乾隆归政后的太上皇宫。这组建筑由宫墙围合成完整的独立组群，其布局仿照前朝、内廷模式，分为前后两部。前部以皇极殿、宁寿宫为主体，前方有九龙壁、皇极门、宁寿门铺垫。后部也像内廷那样分为中、东、西三路：中路设养性殿、乐寿堂、颐和轩等建筑；东路设畅音阁戏楼、庆寿堂四进院和景福宫；西路是宁寿宫花园，俗称乾隆花园。这组相对独立的"宫中宫"，构成了内廷的外东路。在其南面还安排了3组并列的三进院，是供皇子居住的南三所。除这些主要殿屋外，紫禁城内还散布着一系列值房、朝房、库房、膳房等辅助性建筑，共同组成这座规模庞大、功能齐备、布局井然的宫城。外朝遵循周礼"三朝"古制，太和殿是外朝举行最隆重庆典的场所，皇帝登基、大婚、册立皇后、命将出征和元旦、冬至、万寿三大节，都在这里行礼庆贺；中和殿是常朝，是庆典前皇帝的休憩处；保和殿是燕朝，在明代是庆典前皇帝的更衣处，清代改为皇帝的赐宴厅和殿试考场。

中国古代建筑在明代和清中叶之前经历了最后一次发展高峰。清中叶以后，随着清朝国势的衰落和王朝的覆灭，清宫庭式建筑同步走向衰颓，最后终结了帝王宫殿、坛庙、陵寝、苑囿的建筑史。

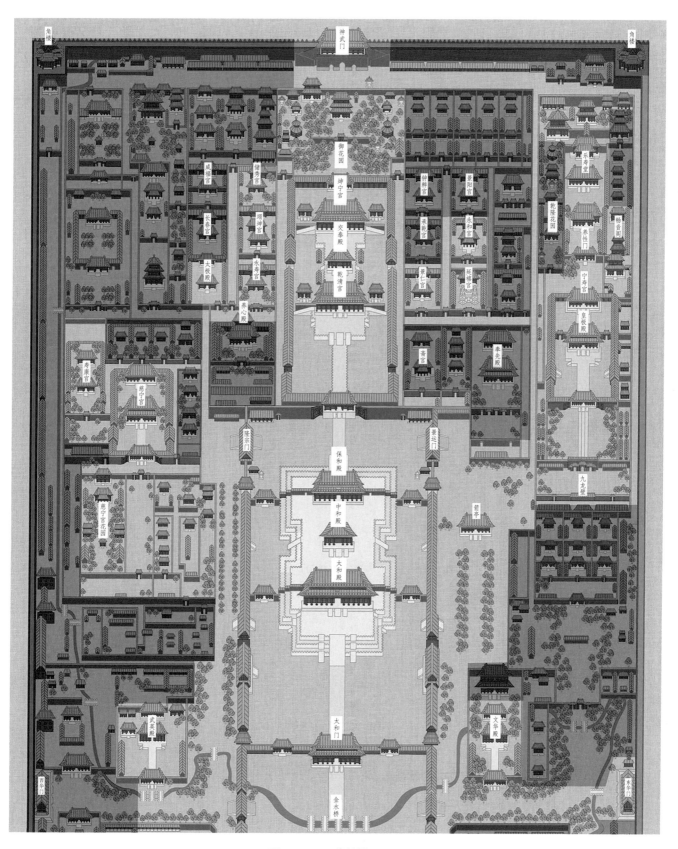

图1-3-43　紫禁城平面图

第四节　现代公共空间设计概要

现代公共建筑的设计思潮与设计实践活动一直影响着现代公共空间设计的发展。从19世纪末的工艺美术运动、新艺术运动到20世纪的现代主义和后现代主义运动，直至21世纪信息化社会设计语言多元化、国际化的趋势，可见一斑。研究一定历史时期所形成的设计风格和流派，有两方面的意义：一方面，设计风格和流派的存在影响设计的发展，同时还可能产生新的衍生内容，因此可以说具有深远的历史意义；另一方面，设计风格和流派对现代公共空间设计具有现实的指导意义。

一、国际派

国际派建筑思潮产生于19世纪后期，是20世纪中叶在西方建筑界居主导地位的一种建筑思潮，主张建筑师摆脱传统建筑形式的束缚，大胆创造适应于工业化社会条件和要求的崭新建筑，具有鲜明的理性主义和激进主义的色彩，又称为现代派建筑。

国际派建筑风格注重实用主义、理性主义，提出了现代建筑的系统理论。柯布西耶强调，建筑是居住的机器。密斯提出"少就是多"的设计观点。格罗皮乌斯的设计思想一直具有民主色彩和社会主义特征，其设计采用钢筋混凝土、玻璃、钢材等现代材料，目的是为人们提供大众化的建筑。其建筑设计的特点是：大量采用装配式结构，建筑立面简洁，屋顶平整，采用大面积玻璃窗。虽然这几位大师的设计风格有所不同，但都是以现代设计的观念指导创作，注重功能和建筑工业化的特点，反对多余的装饰，他们的作品对后来的建筑发展具有深远的影响。

现代室内设计的特征主要体现在以下几个方面。室内空间开敞，内外通透，结合周围环境创造出新的空间形式——流动的空间。建筑平面设计自由不受承重墙限制；界面及室内内含物设计以简洁的造型、纯洁的质地、精细的工艺为其主要特征；空间无多余的装饰，认为任何复杂的设计，没有实用价值的特殊部件及任何装饰都会增加建筑造价。强调形式服从于功能；建筑及室内部件尽可能使用标准部件，门窗尺寸根据模数制系统设计；室内选用不同的工业产品家具和日用品。

例如，德国柏林新国家美术馆的整个建筑是正方形平面，8根十字形柱子悬挑起巨大的黑色屋顶，侧界面采用钢框架玻璃作为围合空间，这种形式加强了空间内、外的交流，空间内部只有极少的隔断，以此达到最大的使用与艺术效果。可以看出，德国柏林新国家美术馆一方面创造内容丰富与步移景异的流动空间和内部时空感，另一方面建筑空间中直线、直角、长方形与长方体组成的几何构型图，反映了"少就是多"的建筑设计哲学思想。密斯这种讲究技术精美的建筑设计思想与严谨的造型手法对全世界的建筑师们产生了深刻影响（图1-4-1至图1-4-3）。

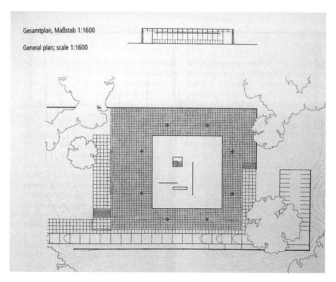

图1-4-1 德国柏林新国家美术馆平面图

图1-4-2 德国柏林新国家美术馆

图1-4-3 德国柏林新国家美术馆内部

二、高技派

高技派的第一个发展阶段是在20世纪50年代末至70年代。高技派在建筑设计、室内设计中采用高度工业化的新技术，这一时期高技派的设计作品特征体现为：内部构造外部化，结构构造都暴露在外，强调工业技术特征；设备和传送装置做透明处理，如电梯运行状况一目了然；空间结构常常使用高强度钢材和硬铝、塑料、各种化学制品作为建筑物的结构材料，着重表现建筑框架；设计中强调系统设计和参数设计。高技派与建筑的重技派相同，着力反映工业成就，其表现手法多种多样，强调对人有悦目效果的、反映当代最新工业技术的"机械美"，宣传未来主义。

这一时期的代表作有巴黎的蓬皮杜艺术中心和香港汇丰银行的室内设计。20世纪80年代后，随着科学技术的不断进步，对于生态环境的关注是新一代高技派建筑思想中最强有力的核心内容，而这方面也正是高技派的专长。建筑师利用先进的结构（如大跨度巨型结构）和设备（如PV光电板）、材料（如透明绝热材料）和工艺（如自动化建造系统），结合不同地区特殊气候条件，因地制宜，努力创造理想的人工建筑环境。尤其值得一提的是高技派对于建筑微气候的关注，具体归结为三个方面：一是适宜的室内温度和湿度（满足人体热舒适及健康的要求）；二是尽可能多地获得自然采光（减少人工照明的能耗）；三是最大限度地获得自然通风（减少空调能耗）。因此，通过最高效的人工技术手段来实现以上目标或达到各要素之间的平衡，就成为高技派设计师不懈追求的方向。

德国国会大厦改建工程是这一时期的代表作。德国国会大厦始建于1884年，设计者为法兰克福的建筑师保罗·瓦尔特，1990年两德统一后，德国政府又委托英国建筑师福斯特对国会大厦进行了改建。福斯特在德国国会大厦中部设计了一个巨型玻璃穹顶，穹顶是这座建筑内部空间的采光口和排风口。玻璃穹顶的中心位置有一个圆锥反光体，可以将光反射到议会大厅提供自然光线，减少议会大厅使用人工照明的能耗。玻璃穹顶内设有一个随日照方向调整方位的遮光板，遮光板在电脑的控制下，沿着导轨缓缓移动，以防止过度的热辐射和镜面产生眩光。圆锥反光体也是气流的通道，议会大厅通风系统的进风口设在西门廊的檐部，新鲜空气进入后经议会大厅地板下的风道及设在座位下的风口低速而均匀地散发到大厅内，然后再从穹顶内圆锥体的中空部分排出室外，气流组织非常合理（图1-4-4、图1-4-5）。

图1-4-4　德国国会大厦

图1-4-5　玻璃穹顶内的圆锥反光体

三、后现代主义派

1966年文丘里在《建筑的复杂性与矛盾性》一书中，提出了一套与现代主义建筑针锋相对的建筑理论和主张。文丘里批评现代主义建筑师热衷于革新而忘了自己应是"保持传统的专家"，他提出的保持传统的做法是"利用传统部件和适当引进新的部件组成独特的总体""通过非传统的方法组合传统部件"。他主张汲取民间建筑的手法，特别赞赏美国商业街道上自发形成的建筑环境。文丘里概括地说："对艺术家来说，创新可能就意味着从旧的现存的东西中挑挑拣拣"。文丘里的这种观点成为后现代主义建筑师的基本创作方法。

费城的母亲之家是文丘里的经典作品，这幢看起来简单而平凡的住宅，无论从平面布局还是立面构图，均有着复杂与深奥的内涵。这栋住宅的出现改变了人们对于建筑的理解方式，它体现了文丘里所提出的"建筑的复杂性和矛盾性"以及"以非传统手法对待传统"的主张。因而它也成了后现代建筑的宣言。文丘里在建筑立面上运用了古典对称的山墙，可以使人联想到古希腊或是古罗马的神庙。这正如他所主张的"建筑师应当是保持传统的专家"。山墙中央裂开的构图处理被称作"破山花"，这种处理一度成为"后现代主义"的符号。首层包括主卧、次卧、起居室、用餐台与厨房，上层是文丘里的私人工作室。尽管整个建筑空间狭小，但是各功能空间的大小与形状相对合理，基本满足其功能上的要求（图1-4-6）。

图1-4-6 美国费城的母亲之家

对于后现代主义建筑，学术界有着不同的理解：一是在后现代主义与现代主义的关系问题上理解不同，有一部分学者认为两者截然不同，还有一部分学者则认为后现代主义仅是现代主义的一个阶段，而多数学者的观点是后现代主义与现代主义既有区别又有联系。二是在风格上，M·科勒认为后现代主义并非一种稳定的风格，而是旨在超越现代主义所进行的一系列尝试，在某种情境中这意味着复活那些被现代主义摒弃的艺术风格，而在另一种情境中后现代主义又意味着反对客体艺术或包括你自己在内的东西。R·斯特恩（Robert Stem）有不同的理解，他把后现代建筑视为特定的建筑风格，并概括了后现代建筑的三大特征：文脉（Contextualism）、隐喻（Allusionism）和装饰（Ornamentation），这和文丘里的主张一致。在建筑设计领域，现代主义与后现代主义相比较而言，首先，后现代主义反对纯理性的现代主义，厌倦终日面对冷漠、呆板的设计，后现代主义表达了人们对于具有人性化、人情味空间形式的需求。其次，后现代主义与现代主义在风格上更是两个极端，前者遵循形式的多元化、模糊化、不规则化，非此非彼，亦此亦彼，此中有彼，彼中有此的双重译码，强调历史文脉、意象及隐喻主义，推崇高技术、高情感，强调以人为本；后者遵循功能决定式"少就是多""无用的装饰就是犯罪"的设计思想，强调对技术的崇拜，功能的合理性与逻辑性。

四、结构主义派

20世纪60年代西方流行的结构主义哲学认为，"结构"是一种关系的规定。结构主义把"结构"的关系看作是一种互相依赖的稳定关系。结构主义作为一种研究的方法，其影响遍及人文科学和自然科学的各个领域，同样也影响建筑空间设计。

比希尔中心办公大楼是结构主义的代表作，整栋大楼由大量完全相同的体量单元组合而成，这些体量单元共同构成建筑的基本形体。它们的尺寸、形式和空间组织相同，因此具有了功能可变性与互换性。建筑空间是以一个正方形的基本结构作为一种有秩序的延展，采用正方形空间单元作为首要基本原则。正方形空间单元内部可以根据使用需求灵活布置，从而产生了各种各样的组合结果。工作人员可以自行安排各种模数制的构件，包括桌、椅、柜、床及办公设备等，从而形成个人或小组的工作空间。在个人或小组的工作空间中人们可以根据自己的爱好安排绿化和陈设品，使工作空间极具个性化（图1-4-7）。

图1-4-7　比希尔中心办公大楼

五、解构主义派

解构主义设计思想源于20世纪60年代。解构主义设计首先强调对结构的变革，重视"异质"的作用，这种设计方法在解构主义派的室内设计和建筑设计作品中都有充分表现。其次，解构主义派的设计作品具有极强的多义性与模糊性。所谓多义性，是指事物呈现类属边界不清晰和性质不确定的发展趋向；模糊性，则是指艺术作品含义与构成的不清晰、不确定的发展状态。

解构主义作为设计形式最先在建筑领域开始，其最重要和影响最大的人物是伯纳德·屈米、弗兰克·盖里和彼得森·埃森。法国建筑师伯纳德·屈米认为，"今天的文化环境提示我们有必要抛弃已经确立的意义及文脉史的规则"。他提出三项创作原则：一是拒绝"综合"观念，改向"分解"观念；二是拒绝传统的使用与形式间的对立，转向两者的叠合或交叉；三是强调碎裂、叠合及组合，使分解的力量能炸毁建筑系统的界限，提出新的定义。如屈米的代表作巴黎的拉维莱特公园就体现了解构主义的"分解"观念。屈米为公园建立起三层结构系统即面系统层、线系统层和点系统层。点系统层是屈米在公园中布置的亮红色的小型构筑物（图1-4-8）。这些小型构筑物同色异形，布置在公园几何网格的交叉点上，并具有各种使用功能，如音乐厅、咖啡屋、影片展示站、电话亭、餐厅、卫生间，人们可以进入这些小型构筑物，从内部看到它们切割的形式。而几个大一些的建筑单体则包含了似乎是偶然形成的错综复杂关系的成分。

虽然解构主义强调反传统、颠倒事物原有的主从关系，但主要还是手法、技巧的变更，在建筑空间艺术方面仍然离不开统一、均衡的传统美学规律，在功能、经济方面也受到客观条件的制约。

图1-4-8　拉维莱特公园的亮红色的小型构筑物

第二章 公共空间设计的相关理论

第一节 公共空间设计与环境设计心理学

一、环境设计心理学基本理论

在公共空间室内设计领域中，主要是基于不同空间环境，以使用主体（使用人群、消费者）为主，研究使用主体在空间环境中所产生的心理现象、行为现象以及影响这些现象产生的相关因素。因此，一方面，环境设计心理学是以环境与使用主体的行为为研究对象，研究处于环境中的人们所产生的一系列行为表现以及背后所隐藏的心理过程。另一方面，环境设计心理学可以引导设计师在选择环境与对环境进行设计时的一系列观察、分析、研究、预判以及干预活动。在深入研究使用主体的基本心理与行为的基础上，对空间进行合理的、适度的、具有一定艺术性的设计。

运用设计心理学理论对空间尺度进行合理设计，进而达到舒适的人际距离。在心理学中大致可分为四种个人空间区域，第一种为亲密距离（0～0.45米），在此区域内通常意味着人们会有较多的亲密接触，几乎不会是不亲密的人，甚至是不熟悉的人，大多为自己的家人、伴侣以及亲密的朋友。第二种为个人距离（0.45～1.4米），在此空间区域内视觉和听觉变得重要，通常是与人进行谈话，并且较为容易产生身体接触的距离，如与朋友、较为亲密的同事或熟人互动。第三种是社会距离（1.4～3.75米），在此区域内可进行一些较为正式的社交活动，通常是与一些不是很熟悉的人进行互动的比较有安全感的距离。第四种是公共距离（大于3.75米），是人际交往距离中约束感最弱的距离。我们通过这一特点可以在日后的公共空间设计中，根据不同使用功能对空间进行不同尺度的规划与设计。

二、依据不同年龄心理特征的环境设计原则

由于不同的人群所伴有的心理特点不同，导致不同人群对所处环境的需求也有所差别。根据对环境需求的差异性大致分为四类人群，即未成年人群、中青年人群、老年人群、残疾人群。其中，中青年人群为普遍设计人群对象，因此，这里着重说明其他三类人群。

（一）未成年人群

环境对于一个人的影响往往从胎儿阶段就已经开始。虽然尚未出生，但准妈妈所处的环境、所形

成的情绪以及所产生的生理、心理变化都会直接或间接地影响胎儿。在这个发展阶段，胎儿的经历和母亲的经历基本上是交织在一起。所以在公共空间的设计中，最主要应保证整个环境的安全性、环保性、舒适性。其次应减少环境中会带给准妈妈过于刺激、过于激烈情绪的设计因素，应设计柔和、舒适的空间（图2-1-1）。

在出生以后，婴儿的视觉、触觉、听觉、味觉、嗅觉都在发育，思考能力、感觉能力以及行动能力也在不断提升。在公共空间设计中，应适当营造"儿童王国"，可结合周围的设施营造一个有趣味并且适用的空间，以便促进儿童的认知能力以及身体发育等。如营造一个有趣的空间（图2-1-2），打造一个木屋，结合设施营造氛围，在确保安全的情况下，促进儿童的探索精神。同时，这一时期的儿童也喜欢在与自己身体相协调的较小空间停留（图2-1-3），在这样的空间中，儿童能够实现自我观念的探索，仿佛有了自己的一片领地，这也是大多数儿童非常喜欢的一个地方。

图2-1-1　母婴护理机构

图2-1-2　儿童中心

图2-1-3　早教中心

针对儿童的公共空间设计可以从两个阶段进行分析，一是7~12岁的少儿时期，这个阶段的孩子开始喜欢和同龄人在一起，并开始有自己的沟通习惯和自己期待的空间。到了13~17岁的青少年时期，孩子进入青春期，更加关注自我，痴迷于图像描绘世界，开始收集并拼贴海报等。因此，在设计公共空间时，应考虑他们的独特性，例如，男孩往往喜欢具有机械及科幻等特点的冷色系装饰，而女孩则更喜欢具有柔软及可爱等特点的暖色系装饰（图2-1-4）。

图2-1-4　乌克兰"Hello baby"儿童中心公共接待区域及男孩女孩卫生间空间

（二）老年人群

老年人的感知能力开始出现退化的情况，因此，在以老年人为主要使用群体的公共空间设计中，应考虑在老年人视觉、触觉、听觉、嗅觉等一系列感觉下降的情况下，如何给老年人设计出满足个人需求且方便适用的公共空间。

视觉层面，随着年龄的增长，老年人的眼部结构发生变化，视力减弱。因此，在光照的控制上，应尽量做到稳定、明亮、柔和。在设计中可采用人工照明，提高环境照度，营造宁静、温柔的气氛。在色彩的选择上应考虑老年人需要的是尽量祥和的环境，过于冲突的颜色会使得老年人产生不安的情绪。同时老年人会随着晶状体老化对色彩识别的敏感度逐渐减弱，因此，选用浅色及暖色系营造干净且明快的空间环境显得尤为重要（图2-1-5）。

触觉层面，在材料的选择上，应避免使用钢筋、水泥以及玻璃等冰冷、坚硬的材料。应考虑老年人的心理感受，选用一些如木质、纤维一类较为柔软的材料，以提高老年人的舒适感与安全感。

图2-1-5　巴黎Yersin老年公寓

空间认知层面，由于身体机能的退化，老年人对环境的辨识能力随之减弱。因此可对各功能空间进行差异化设计，尽量形成变化，使空间具有明显的记忆特征。同时，在室内空间适当引入室外空间的设计手法，营造活动空间以及生态环境。

（三）残疾人群

由于残疾人大部分时间是在室内度过的，因此室内的环境从某种意义上影响着他们的情绪与精神状态。在影响环境因素中色彩尤为重要。不同色彩对人们身体状况与精神状态的影响不同，在不同的空间中，色彩起着调节残疾人情绪、辅助医疗的作用。如淡蓝色可以使病人稳定情绪，方便医生治疗；绿色的环境使人放松、呼吸变得缓慢，使人心脏负担减轻，变得平静；较为柔和的中性的暖色调可以使病人得到较好的放松和休息（图2-1-6）。也可适当运用植物丰富空间层次，提升空间活力，增添自然气息。

在针对残疾人的公共空间设计中，残疾人需要依靠各种标识的指引完成对环境的认知与导向，标识环境对于残疾人而言便显得尤为重要，可通过色彩、盲文、语言标识系统进行引导（图2-1-7）。人们往往更加向往自然、渴望亲近自然，残疾人更是如此。与老年人群相似，在残疾人的活动空间中，可增加天然纹理的装饰材料和木质构件，打破单调的涂料所带来的冰冷感，进一步营造天然、舒适、轻松的感觉。

图2-1-6　KAPELLEVELD健康中心的走廊

图2-1-7　以色列某社区残障服务中心（墙面颜色增加易读性与方向性）

第二节 公共空间设计与人体工程学

一、人体工程学基本理论

人体工程学（Human Engineering），在西欧国家多被称为"人体工学"或"工效学"（Ergonomics）。从公共空间设计的角度看，人体工程学主要以人为主体，通过对人体结构、功能、使用需求、力学等方面的研究，着力探讨与空间环境之间的和谐与便捷。通过对此进行研究，提高室内公共空间环境的最佳使用效能，创造设计一个安全、健康、舒适、高效能的环境。因此，强调以人为本，满足人体尺度、生理与心理需求以及人体内部能力的感受和对外界物理环境的感受等成为环境设计的重中之重。通过对人体尺度的熟悉可以更好地确定空间的大小，通过空间的大小也可以限制或提升人的行动与舒适度。在条件的相互制约下，由人体尺度而促成的空间活动范围便可以被归纳与研究，进而形成具有指导意义的空间尺度。

二、人体工程学在室内公共空间设计中的应用

在设计中，不论是空间设计，抑或是产品设计，都应考虑年龄、职业、民族等因素，并且在设计中应合理运用95%、50%、5%这三个数值。如最低标准应按照使用人群中95%的使用者身高来设计门框高度。设计座位高度时，应以使用人群中50%的使用者的尺度进行设计，会更加合理。设计坐在位置上手所触及的范围尺度时，这种情况大多出现在办公桌、餐饮空间、酒吧吧台等，设计的尺寸则应以使用人群中5%的使用者尺度来进行设计。

办公空间，基本功能为办公、会客、接待、休息、信息处理、资料存放等。因此基本使用尺度应全面考虑，如经理办公室尺度，如图2-2-1所示。常规办公室工位基本尺度，如图2-2-2所示。

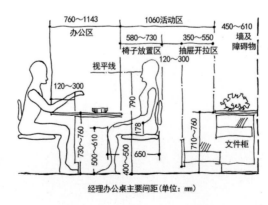

经理办公桌主要间距（单位：mm）

图2-2-1 经理办公室尺度参照

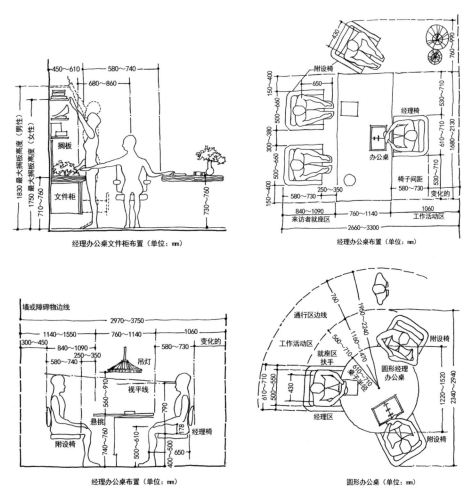

图2-2-1 经理办公室尺度参照（续）

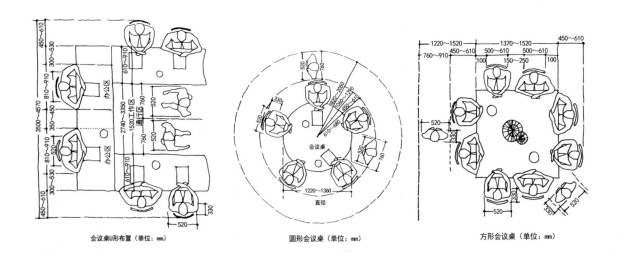

图2-2-2 常规办公室工位基本尺度

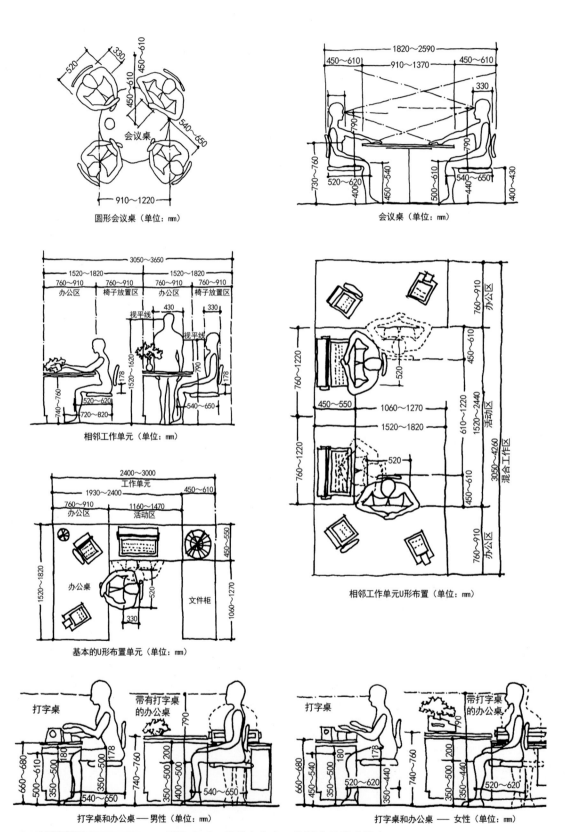

图2-2-2 常规办公室工位基本尺度（续）

　　餐饮空间，在餐饮空间尺度中，不仅应考虑最小与最佳的就餐尺度，还应考虑顾客与服务人员使用空间尺度的合理性，使运动中的二者不被相互打扰（图2-2-3、图2-2-4）。尺度较大的就餐空间，往往会结合各式各样的用餐桌椅，如圆形桌椅（图2-2-5）。酒吧空间与传统的就餐空间略有不同，其基本尺度也是不容忽视的（图2-2-6、图2-2-7）。

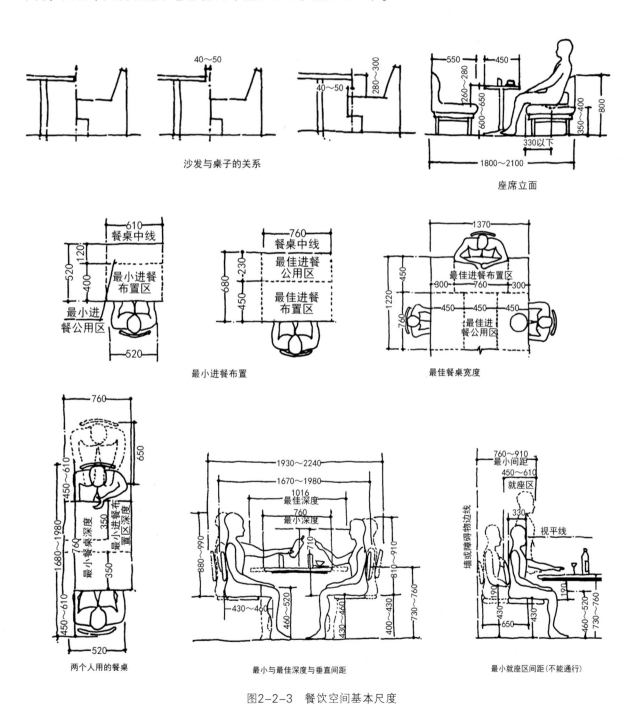

图2-2-3　餐饮空间基本尺度

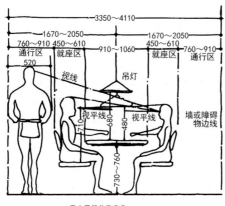

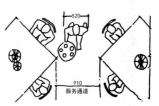
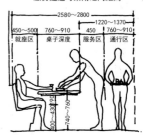

最小用餐单元宽度　　　　　　餐桌最小间距与非通行区

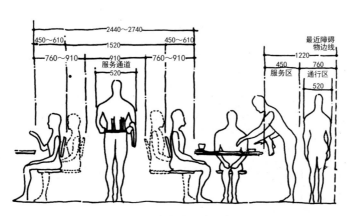

服务通道与椅子之间距离　　　　服务通道与桌角之间距离

长靠背椅与服务和通行所需间距

图2-2-4　餐饮空间服务尺度

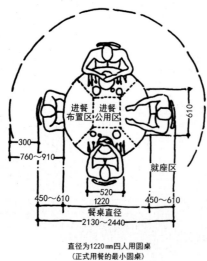
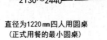
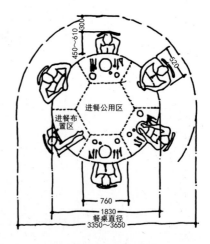

直径为1220mm四人用圆桌
（正式用餐的最小圆桌）

直径为1830mm六人用圆桌
（正式用餐的最佳圆桌）

图2-2-5　圆形桌椅就餐尺度

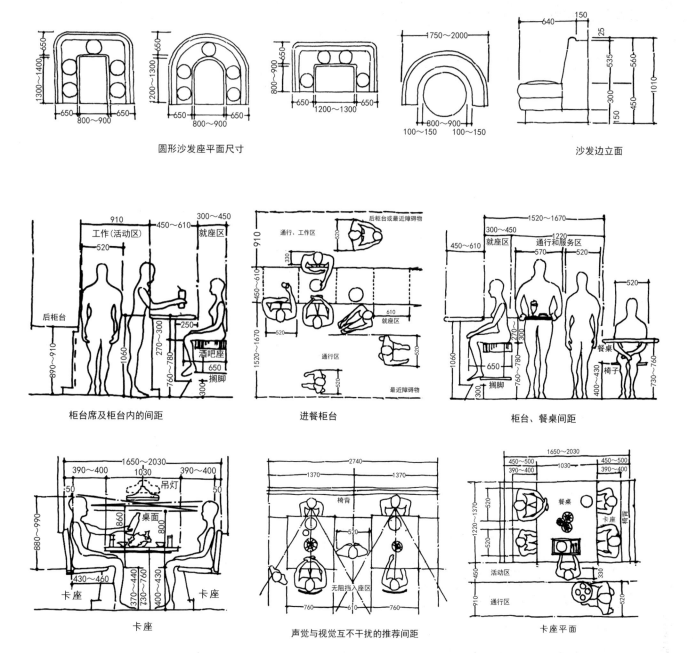

圆形沙发座平面尺寸

沙发边立面

柜台席及柜台内的间距

进餐柜台

柜台、餐桌间距

卡座

声觉与视觉互不干扰的推荐间距

卡座平面

图2-2-6 酒吧空间基本尺度

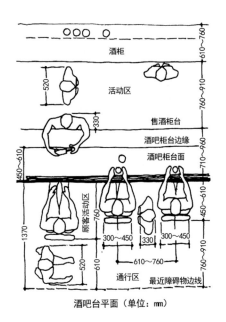

酒吧台平面（单位：mm）

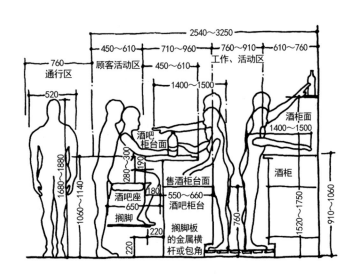

酒吧台剖面（单位：mm）

图2-2-7　酒吧吧台空间尺度

商店及超级市场空间，应根据不同规模，考虑使用者的舒适度（图2-2-8）。

展示空间，结合不同展览形式以及游览者的行为习惯进行空间尺度的把握（图2-2-9）。

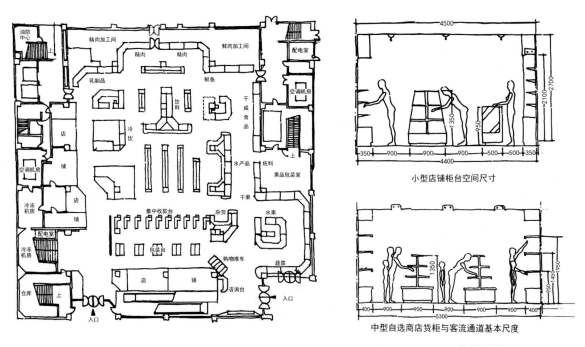

图2-2-8　商店及超级市场空间尺度

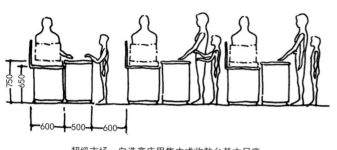

超级市场、自选商店用集中式收款台基本尺度

小型自选商店柜架与客流通道的基本尺度

图2-2-8　商店及超级市场空间尺度（续）

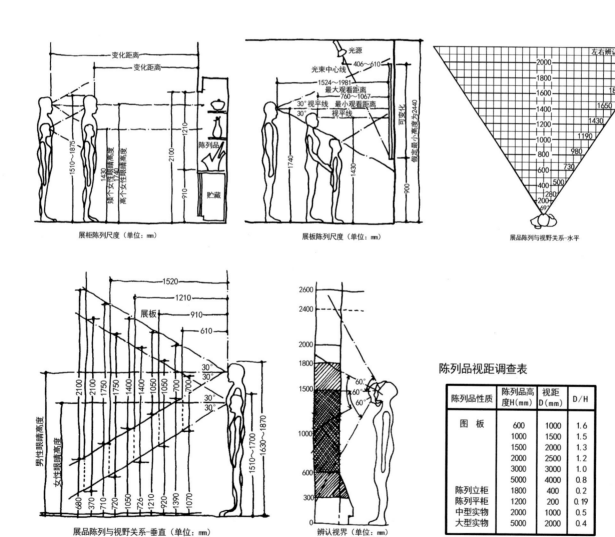

图2-2-9　展示空间基本尺度

第三节 公共空间设计与照明设计

一、照明设计基本理论

光可以使人们感受到周围的环境，看到色彩、三维的空间以及造型。光会使材料表面的肌理得以显现，可以影响人们的情绪，可以营造空间氛围。通过改变光的类型、色彩、光影等，可以使人们感受到舒适、温馨、刺激，或是冰冷与不安。因此，设计师们不但可以运用光进行基本的功能照明，也可以利用光进行空间气氛的渲染，如苏州博物馆利用太阳光对空间进行丰富（图2-3-1）。设计中，在合理利用自然光的同时，可以结合形式丰富的人工照明对空间进行功能照明与氛围烘托。

图2-3-1 苏州博物馆 墙面自然光影

在公共空间设计中，不同的照明办法产生不同的光线。在此基础上，可以通过灯具的形式对光线进行一定的干预，进而对空间进行照明的设计。灯具的分类在数量上没有过多限制，大致可分为以下几种。第一种，白炽灯，可以是一只非常简单的灯泡，从顶棚向下悬挂（图2-3-2）。第二种，灯管，线形照明，发出的光是发散式的，常用于办公空间等（图2-3-3）。第三种，分散型灯，光沿着各个方向均匀散开，有助于弥补紧凑型日光灯在光线上的欠缺（图2-3-4）。第四种，悬吊型向上照灯，反向悬吊，将光线向上反射的同时，灯罩的下部也可以受到直接照明（图2-3-5）。第五种，泛光灯与聚光灯，属于定向照明，使用简单的灯罩，通过光在灯罩内的反射控制照明。泛光灯可用于均匀照亮大面积的范围，而聚光灯则利用狭窄的光线，为小面积的物体进行照明，便于突出空间中的物体。第六种，筒灯，嵌入顶棚中或者立面装饰面中，是设计中常用的一种照明装饰手段。

图2-3-2　莫斯科Polet餐厅
悬挂的装饰灯

图2-3-3　莫斯科Stampsy公司和IO工作室
线形照明

图2-3-4　Buro511的室内设计作品　散光照明

图2-3-5　创意灯具

二、照明设计在室内公共空间设计中的应用

（一）照明设计的重要作用

　　照明用具及其方式的合理运用在空间的使用、氛围的营造中起着至关重要的作用。合理的照明不仅是保证人们夜间正常活动的根本，也是白天室内光照不足时的重要补给，更是空间环境中主题性、艺术性、合理性的重要实施手段。因此，在满足基本功能需求的前提下，人工照明还可以为空间营造良好的、具有艺术性的光线氛围，并且可以根据不同场所的功能性质进行氛围营造（图2-3-6）。

图2-3-6　通过照明展现不同空间氛围（莫斯科柏林酒吧与南京宙·SORA日本料理餐厅）

在室内设计中，通过不同的照明方式、照明效果，建立不同空间的独立性，进而达到界定空间的效果（图2-3-7）。不同的照明方式、照明色彩、灯具种类、光线强弱差别等都能够非常明显地影响人们对空间的认识以及对空间感的感受。当采用直接照明时，由于灯光亮度较大，因此会给人以明亮、紧凑的感觉。当采用间接照明时，灯光是照到棚顶或墙面后再进行反射的，所以会使空间显得较为宽敞。当使用不同颜色的灯光时，会给使用者带去不一样的感受。如暖色的灯光会使人有温馨的感觉，而冷色的灯光则给人以清凉、冷静的感觉。因此多数餐厅会使用暖光，而办公空间则会使用较为冷色的光源（图2-3-8）。

图2-3-7　通过不同照明方式引导不同空间（华夏幸福·德清孔雀城城市艺术中心）

图2-3-8　不同照明色彩应用于不同空间（葡萄牙Estrela Doce面包店与O.O.O. SPACE创意办公空间）

（二）照明在不同环境下的应用

1. 商业空间中的照明设计

现代商业空间中，照明系统通常会作为空间整体进行设计与考虑，由于其目的主要是为消费者提供舒适便捷的消费体验，因此大多会采用相对较高的照度水平，并形成了用网格布置的较为清晰与直观的展示效果。但随着大众需求的提高，单一的照明形式已无法满足消费者观赏与沉浸式的购物需求，在照明设计过程中应逐渐将消费者的消费行为心理、商品的市场定位以及商家的营销策略考虑其中。进而通过照明设计来营造展示商品品牌形象、体现商品品牌文化，给消费者带来愉快的消费体验。这便要求，一方面，照明设计能够将特定商品或品牌在琳琅满目的商品中凸显而出，吸引消费者注意；另一方面，照明设计应具有良好的导向作用，以利于顾客购物行为的顺利、便捷。在设计过程中，应整体考虑，根据光环境的整体氛围、空间组织、流线引导、商品展示、装饰效果等多角度进行综合分析与组织（图2-3-9）。

为了保障商品能够获得良好的视觉效果、消费者能够得到舒适的购物体验，在商业空间的照明设计中可充分考虑不同的环境、不同的商品、不同的材质及色彩对照明照度的需求。根据《建筑照明设计标准》（GB 50034—2013）中给出的商店照明的标准要求，一般商店营业厅、一般超市营业厅、仓储式超市、专卖店营业厅的0.75米高度水平面以及高档室内商业街地面的照度应为300lx，高档商店营业厅、高档超市营业厅的0.75米高度水平面以及商业空间的收款台面照度应为500lx，以上显色指数均应大于80。设计时应根据商品实际的色彩、材质以及周围不同的光照情况进行照度调节，以提供更佳的照明效果。同时，应该对同一商业空间内的商品展示、服务台、通道等不同功能区域进行合理的照度搭配。

图2-3-9 具有空间组织与流线引导等作用的照明设计（布达佩斯SPAR旗舰超市）

在商业空间中，橱窗作为店家品牌对外展示的主要窗口，照明设计对于展示商品起着重要作用。橱窗的照明方式一般包含三部分：主光、辅光、背景光。顾名思义，主光就是对物体主要投射的灯光，起到直接照明的作用。只要想对这个物体进行灯光效果的处理，主光是必不可少的。辅光是辅助主光照明的一种灯光，辅光不是一定需要的，主要看主光的需求。如果主光的照明不够，这个时候就要用到辅光。背景光一般是起到衬托某种环境氛围的作用（图2-3-10）。橱窗的一般照明宜采用漫射型灯具，同时为了防止白天出现镜面反光现象，应适当提高照度水平（图2-3-11）。

图2-3-10 橱窗照明设计（上海爱马仕之家春季主题橱窗——"生命的脉流"）

图2-3-11　橱窗照明设计（安徽芜湖O.T.S时尚店）

　　除橱窗之外，店内的销售空间作为展示商品的主要空间，应在展示不同商品时考虑使用不同的照明手段与形式。通过运用不同的照明方式以达到提升空间层次、节奏感以及艺术氛围的作用。可利用陈列柜、陈列台、陈列架等方式，同时结合顶部照明、角部照明、混合照明、外部照明等方式进行商品展示。根据商品的类别，其局部照明还应考虑其灵活性和可调性，以便于不同场景、不同销售活动之需。同时可利用装饰性照明灯具或利用灯光变化，呈现出色彩斑斓的艺术效果来衬托商品。在选择灯具时，应注意造型、色彩、图案等方面的协调（图2-3-12）。

图2-3-12　销售空间的不同照明方式

（布达佩斯SPAR旗舰超市、B+K美国高端珠宝品牌Âme旗舰店、curiosity日本大阪m-i-d服装店）

2. 大堂照明设计

大堂是一个集大堂入口、主厅、服务台、休息区、自主商务区、电梯厅等多种服务功能于一体的空间。在保持多个区域照明风格统一的前提下，应注意在统一中结合各区域特点进行相应变化，注意在满足不同区域照度要求的前提下，进行相应装饰效果的有针对性的艺术处理。在入口空间应尽量营造明亮、具有指引性的光照空间，并且由于入口接待区以及服务台涉及文字、沟通等工作，则照度应适当提高。而主厅则应充分发挥照明形式的变化与照度的合理性，进而营造一个具有艺术氛围以及空间特点的环境。公共区域环境的照明，通常照度一般为300lx左右，光源色以暖白色为主，可根据具体的设计风格进行一定的调节。以顶部照明为主，均匀分布的点式照明可以达到照度充足、亮度均匀的照明需求。当然结合艺术性，大堂的照明可结合装置艺术进行照明设计。一般照明灯具主要以筒灯、支架灯、吸顶灯、吊灯为主，风格较为强烈的空间也会考虑其他漫反射型灯具（图2-3-13）。休息区可通过较低照度、较暖色温的照明设计，并融入相应装饰元素营造舒适、亲切的休闲空间，因此休息区的地面照度应为200lx左右。而通常情况下大堂的吧台桌面照度为100lx左右。通过不同的照度与照具将多个空间串联，形成各自独立又相互关联的融合空间，进而使得大堂空间形成层次丰富、变化多样的空间设计。

图2-3-13 大堂照明设计（宁波东钱湖康得思度假酒店、北京世园凯悦酒店）

3. 办公空间中的照明设计

随着人们对办公场所环境质量需求的不断提升，且室内照明的优劣直接影响办公人员的工作效率和身心健康。因此，办公空间室内照明设计，既要保障工作面的照明需求，又要考虑整个室内空间光环境的舒适性和一定的美观性。

在"绿色设计"的大前提下，合理引入自然光线，同时针对不同办公性质有不同的照明要求，根据《建筑照明设计标准》（GB 50034—2013）中给出的办公空间照明的标准要求，普通办公室、会议室、复印室的0.75米高度水平面照度应为300 lx，高档办公室的0.75米高度水平面以及设计室实际工作面照度应为500 lx，视频会议室的0.75米高度水平面照度应为750 lx，以上显色指数均应大于80。如有较为严谨工作性质的办公空间，照明的设计应尽量做到明亮、简洁、不花哨，最大限度地满足工位附近的办公需求，进而提高工作效率，可选用照度为1500 lx为宜（图2-3-14）。而相对较为活泼的办公环境则可增加照明的层次性、丰富性，办公区域的灯光可选用的照度为750 lx。

图2-3-14　简洁明亮的办公室照明设计（以色列范德威尔集团总部　Steven Vandenborre）

同时，数字化时代的办公特点改变了传统的办公习惯，办公室工作的视线方向由原来的与桌案垂直，变为与电脑屏幕近乎垂直的状态。视线方向的变化，以及灯具、窗户等发光体在屏幕上产生的影像对视觉的干扰等情况，都对灯具的配光特性和室内亮度分布提出了新的要求。针对这种变化，办公室照明设计要考虑从灯具的配光方式和位置的设定方面采取相应的措施。对工作区域尽量选择发光点大、光照面大的灯具，可考虑间接照明方式。一般照明主要是提供空间整体照明，普通办公空间通常可采用格栅灯或二次漫反射型专业办公照明灯具，其形式有嵌入式、悬吊式两种，光源通常采用荧光灯（图2-3-15至图2-3-17）。高档集中办公空间还可以选择反光灯槽、发光顶棚等照明方式。

针对相对豪华的个人办公空间来说，照明设计应考虑一定的装饰效果与艺术氛围，主要强调照明的组织形式、功能分区的照度设置关系、空间的整体亮度分布、照明灯具的光效搭配、灯具的装饰性等问题。此类空间通常需要采用混合照明方式（图2-3-18）。

办公区域的会议空间指的是工作人员进行交流、讨论、沟通、开会的空间。在照明设计中，会议空间的工作区域照度应为300 lx以上，照度均匀度应大于0.6，显色指数应大于80。从环境效果角度来看，会议空间照明应具备一定的装饰性，并能够营造平静、舒缓的空间氛围。

图2-3-15　光照面较大的照明
（孟买Altico金融咨询公司办公室）

图2-3-16　内嵌式照明（上海大样办公室）

图2-3-17　悬吊式照明（芬兰广告公司、墨尔本地产公司）

图2-3-18　混合式照明（旧金山AppDynamic新总部）

4.餐饮空间中的照明设计

人们在就餐的同时不仅在享受美食，也在追求一种高品质生活。灯光是餐厅空间的重要因素之一，它可以影响消费者的就餐心理感受，从而直接影响餐厅的经营情况。在餐饮空间照明设计中，设计师要精心于对光环境在整个空间设计中的把握，通过照明设计打造舒适的就餐氛围，从而使得整个餐厅的风格和主题能够协调合理。餐饮空间照明设计可以为餐厅营造气氛，使餐饮空间的主题更为突出，餐饮空间的照明、空间布局以及室内装饰风格一同把控着整个餐饮空间的最终设计效果和就餐氛围（图2-3-19）。

图2-3-19 餐饮空间照明（广州天河高德置地广场椰客餐厅）

餐厅的照明大致可分为三种照明方式即整体照明、重点照明、混合照明。在空间的光环境设计中，三种照明方式可同时使用，不拘一格，共同营造所需的空间氛围。通常餐饮空间要求有较高的照度。对于环境相对高雅的美食休闲空间，通常会提供消费水平相对较高的饮食，因为饮食调配较慢，且不追求客流量，所以对环境品质的追求相对多一点，需要使用色温稍低的光源，以渲染环境温馨、舒适的气氛。中餐厅照度标准在0.75米高度水平面上应不低于200lx，西餐厅则应不低于150lx（图2-3-20）。若要塑造一个明快、轻松的环境，可适当提升照度，便于人们情绪的放松和适度的兴奋，从而促进消费。快餐餐饮空间一般需要较为明亮的照明设计，照度可大于600lx，将缩短进食过程，提高空间的利用率（图2-3-21）。餐饮空间的光源显色指数通常不应低于80。

酒吧间、咖啡厅的照明设计可以适当进行气氛的活跃渲染。根据酒吧间、咖啡厅的功能和气氛的需要，其照度不宜过高，通常0.75米高度水平面照度应不低于75lx。可根据主题进行艺术性照明设计（图2-3-22）。

图2-3-20 主题性较强的餐饮空间照明（乌克兰COIN现代时尚餐厅）

图2-3-21 快餐店照明（荷兰海牙Salsa快餐店）

图2-3-22 酒吧照明（西雅图DEEP DIVE酒吧）

第四节　公共空间设计与绿化设计

一、绿化设计基本理论

公共空间的环境设计中将绿色植物引进室内不单是作为装饰存在，更重要的是对空间进行生态化设计，进而提高室内环境的质量，是室内设计中不可或缺的重要因素（图2-4-1）。

公共空间设计中绿化的设计与室内设计中其他要素的设计紧密相关，室内绿化的设计主要是要在室内环境中营造一个具有大自然气氛的生态、舒适的环境。因此，在设计中，设计师可利用植物、造景以及常见的园林景观设计方法，组织并完善空间环境，以便协调人与环境的关系，为人们的生活、工作环境增添舒适感，进而减少人们被包裹在建筑空间中所产生的厌倦感（图2-4-2）。

图2-4-1　公共空间绿化设计

（北京镜花园）

图2-4-2　公共空间中自然、舒适的生态环境

（墨西哥Matatena阁楼办公室）

（一）室内绿化植物的基本概念

室内的绿化植物可以分为观叶植物、观花植物、观果植物、藤蔓植物、水生植物等。这些植物都可以在一定程度上对室内环境进行美化并且使得环境质量得以优化。随着人们生活水平的提高，人们对室内植物景观的设计关注度也越来越高。室内绿化形式不断发展，室内绿植的种类和形式也层出不穷。绿植形式在一定程度上可以比较高效地利用室内空间，改善和优化室内空间环境，同时还能为室内的生态形式创造更多的表达方式，为室内单调、千篇一律的空间功能、格局及形态提供多种选择（图2-4-3）。

图2-4-3　不同种类的绿化（马德里Botín基金会办公室）

（二）公共空间绿化设计的作用

第一，公共空间设计中的绿化设计有助于丰富空间层次。室内设计时，不断提高室内空间绿化程度，在各种剩余空间中利用水体、植物以及山石等进行填充处理，可有效提升剩余空间利用率，进而使得内部空间拥有较强的生气，从基础上优化空间中存在的各种问题，保证室内环境符合人们需求。

第二，提升公共空间设计的审美情趣。在不同功能的公共空间中，设计师可以对不同功能的空间，营造不同形式的氛围。而室内绿植可以改变室内空间呆板无趣的视觉和心理感受，有助于提高公共空间的装饰性与艺术性。因此，室内绿化装饰应按照美学原则来布置，通过一定的组织形式，如合理布局、色彩协调、形式和谐、注意层次和突出中心，来达到美的艺术效果，更好地衬托出室内空间的氛围。绿植的色彩、纹理、造型等都要进行细致的选择，来达到想要的造景效果。室内绿色植物从美学的角度来说有着良好的视觉感受，比如形象美、造型美、色彩美、听觉美、嗅觉美，既美化了环境又提高了品位（图2-4-4）。

图2-4-4　室内垂直绿化的装饰性与艺术性（杭州乐空办公室）

另外，在选择植物的同时也需注意用来装植物的容器的艺术性与主题性。应根据室内环境状况进行绿化设计，不仅仅是对空间中的某一部分，而是对整个环境要素进行布置，将其中的一些细节设计组织起来，以取得整体的造景效果。在设计中还应依据空间大小进行主次植物景观的设置。如在较为开阔的公共空间，可以较为高大的植物为主，低矮植物辅助搭配，进行主要景观点的设计。若是在较小的空间中，则可选用观赏性较强以及适宜近距离观赏的植物景观进行设计。主景一般在大小、色彩、造型等方面比较有优势，而且醒目有感染力，所以就可以采用颜色出挑、姿态优美、造型别致的绿植来达到"造景"的效果（图2-4-5）。

图2-4-5 植物造景的艺术性与主题性（杭州泛海钓鱼台酒店、Le Roch酒店）

第三，公共空间设计中的绿化具有一定的过渡和延伸空间的作用。在室内种植绿色植物，可以让室内空间具有大自然的元素，使室内外空间过渡自然，形成由内向外的空间延伸感。如在一些餐饮、办公空间中可以合理利用窗前的空间打造一些半室外的灰空间，在此基础上，将植物合理设计，融入其中，使室内外达到相互交融，向自然渗透、过渡的效果。在室内外的出入口及走廊过道放置绿植，可以起到从室外进入室内的一种自然过渡和延伸的作用，让室内外联系得更加密切。又如在一些餐厅中，可以适当借用室外的绿色景致，透过落地的玻璃窗，让室外的自然景色渗透入室内，这样可以使室内有一种被扩大的空间感觉，给室内枯燥的环境增添一些生机。绿植不仅使室内空间与室外空间互相衬托，还将两者互相连接，融为一体（图2-4-6）。

图2-4-6 向自然渗透的半室内空间（曼谷AdLib酒店庭院）

第四，合理的绿化设计可以对空间起到二次划分的作用。一种方式是分隔。根据公共空间的功能不同进行分隔。有的公共空间需要设计出相对较为私密的环境。在这种情况下，设计师可以采取墙体分隔的办法对空间进行划分，也可以利用绿化进行划分。在各个空间确保各自功能的同时使整个空间具备开敞性和完整性。分隔空间，可以运用花墙、花池、盆栽等方法来划定界限，做到隔而不断、似隔非隔的效果，但是在室内一定要考虑人体尺度的问题。另一种方式是利用绿化空间进行限定，花台、树木、水池等均可以成为局部空间的核心，形成相对独立的空间，供人们休息、停留、欣赏。通过室内绿植摆放的形式可以将不同内容的空间部分分隔成截然不同的两个空间，使两个空间邻近而互不干扰（图2-4-7）。

图2-4-7　布达佩斯EY办公室协同工作区域绿化设计与公共区域

第五，绿化设计可以改善公共空间的环境质量。绿色环保一直是当今社会关注的重点。"绿色设计"也是当前室内环境设计的重要发展方向和潮流趋势。植物经光合作用可以吸收二氧化碳，释放氧气，使室内的氧气和二氧化碳达到平衡。植物叶子的新陈代谢过程可调节室内气温和湿度，冬季有利于气温和湿度的保持，夏季可以起到降温隔热的作用。另外，还有一些植物可以除去空气中的有害气体。因此，在空间中合理搭配绿化设计既能净化空气、美化环境、调节温/湿度，也能使人们放松心情、调节心理，对人的身心健康有很大的益处。

第六，种植绿植还可以影响使用人群的心理感受。长时间生活在快节奏中的人们往往对自然、生态舒适的环境更加向往。为了使人们在室内空间也可获得轻松惬意的自然生态感受，设计中亦可搭配不同的植物造景。在办公空间中，绿色植物在一定程度上可减少办公人员的疲劳感和压力情绪。同时，有研究表明绿色可缓解视觉疲劳，有益于保护眼睛。办公人员在紧张的办公之余，欣赏绿色植物，可放松眼部、调节心情（图2-4-8）。

图2-4-8 公共空间绿化设计（深圳桃源居办公楼改造）

（三）室内绿化植物分类

室内植物是指能够在室内环境条件下生长的植物。相较于户外植物，室内植物的引入需着重考虑光照、形态、土壤等问题。目前随着栽植技术的不断提升与改进，大部分植物在室内环境中均可较好地生长。因此，人们在关注室内植物观赏价值的同时，也将关注重点逐步向植物的养生功能转变。

在室内公共空间设计中较为常用的一类植物是观叶植物。较为大型的盆栽植物可作为商业空间、大堂、会场、餐饮空间等环境的植物装饰，如巨苞白鹤芋又名一帆风顺、龟背竹。较为中型、小型的盆栽植物则可作为办公空间及餐饮空间等公共空间的点缀装饰。例如，亮丝草、火鹤芋、马蹄秋海棠、豆瓣绿，可作为室内空间桌面装饰与点缀植物。除观叶植物外，还有观花植物，较为常用的如大戟科的一品红、虎刺梅，芭蕉科的鹤望兰。在进行公共空间植物设计时，将观花植物与观叶植物相组合，以垂直绿化的形式进行装饰，大多应用于公共空间入口装饰或是形象墙装饰。除基本的观花、观叶植物外，目前植物选择也逐渐考虑养生层面，如一些具有净化空气功效的室内植物，主要有米兰、红掌、文竹、秋海棠、石竹、非洲菊、常春藤、茉莉花、天竺葵、万年青、绿萝、白鹤芋以及多肉植物等。

二、绿化设计在室内公共空间设计中的应用

（一）公共空间绿化设计布局形式

在公共空间设计中，绿化设计的布置方式可以分为平面形式和立体形式两种。平面形式的布置方式即对绿化进行点、线、面三种形式的布置。通过这样的组合方式可构成不同功能空间所需要的绿植布置方式。首先，点状布置，可采用观赏性较强的盆栽，在空间相对较大的情况下可以将多个独本盆栽组合在一起，扩大点的体量；线状布置，在室内常用来重新分隔和组织空间，所用的绿植一般要求形状、色彩和大小相一致，这样既能美化室内的空间环境，又能灵活调整空间布局；面状布置，是室内绿植大块面的形式，当室内空间较大时，可以大型或者丛生植物为中心或用组合盆栽的形式，增大空间的绿化面积。

另一种布置方式是立体形式的布置，也可称之为垂直绿化，可利用室内空间的某一界面结合绿植来做，也可以借助其他载体形成立体形式的绿植。目前市面上已知的墙面绿化的施工工艺可分为模块式、板槽式、水培式、布袋式、攀爬式、垂吊式等（图2-4-9）。

图2-4-9　多种立体绿化形式

（布达佩斯EY办公室绿化设计、唐宁书店、Eneco公司总部大楼内装）

在配置室内立体绿植形式时，一定要根据空间的功能要求合理选择绿化的尺寸，使其具有适宜的空间尺度感。室内绿化向空间发展可形成立体观赏效果，是一种新颖的空间设计理念，它不同于室内花园、室内农场等，是在不影响建筑使用面积和功能的前提下构筑的立体绿化综合体，功能更强大，包括调节室内温度湿度、净化空气、提升氧浓度、降低噪声等。一个具有生态性绿植较多的公共空间产生的健康气体能够与其他空间产生的气体进行智能交换，部分代替新风系统，显著降低建筑能耗，让人们在室内有限的空间里也能享受和拥有自然的感受。

（二）公共空间绿化设计的选择

第一，大型服务空间，其中一类是指规模较大的酒店、饭店，是由客房、餐厅、酒吧、商场以及宴会、会议、通信、娱乐、健身等设施组成的，能够满足客人在旅行目的地的吃、住、行、游、购、娱、通信、商务、健身等各种需求的多功能、综合性的服务场所。此外，还要满足人们精神上的需求，环境的气氛是客观环境作用于人的感官结果，公共空间绿化设计就是要创造一个美好的环境气氛，以满足人们精神上的功能要求。

酒店入口是整个酒店交通量最大、与室内空间联系与衔接最为紧密的地方，可通过多种植物的组合与艺术手法的处理，将室外空间、入口空间、门厅空间紧密连接。入口空间作为酒店给人第一印象的展示空间，应采用较为大型、姿态挺拔、叶片直上、不阻挡人们出入视线的盆栽植物，如棕榈、椰子、棕竹、苏铁、南洋杉。也可使用色彩较为艳丽、植物层次较为丰富的盆花，组成各种花坛、树坛的形式，或者结合假山石、喷泉、雕塑等形成自然式园林小景的形式（图2-4-10）。酒店大堂，又称大厅、门厅等，是客人办理住宿登记手续、结账、会客、等候的地方，也是客人进店时首先接触到的具有功能性的地方。因此，大堂的植物布置应具有酒店的独特风格，可依据酒店设计风格配置植物以增进酒店品质。可通过分析酒店性质及来往客人的特征，综合运用大部分客人喜爱的盆花、吊花、插花、干花、盆景等进行绿化装饰（图2-4-11）。

酒店客房，作为客人休息的场所，应注意营造适宜休息的空间，可放置一些姿态优美的观叶植物，也可运用艺术插花、花篮或花瓶等营造空间氛围（图2-4-12）。

图2-4-10 酒店入口植物与水景景观（福州璞宿时尚酒店）

图2-4-11 酒店大堂绿化（香港瑞吉酒店）　　　图2-4-12 酒店客房细节绿化（Le Roch酒店）

第二，办公空间。由于办公空间较容易形成规矩的摆放形式，气氛容易显得沉闷呆板，给员工带来无形的压力。因此，在办公室设计中，不仅应注重实用性，办公环境的舒适性也是不容忽视的重要环节。在办公室里进行恰当的绿化布置，是现代化办公室装饰中不可缺少的环节。办公室绿化应与整个室内布置装饰同时进行，所采用的绿化植物应考虑其大小、形态、色彩以及生态习性等与办公室的空间大小、办公家具的体量与形态、办公室光照、季节变化、环境气氛等因素相协调，进而通过植物给人以轻松、愉快的办公环境，使人心情舒畅。同时，办公室一般人流量较大，工作繁忙，因此植物布置不宜过多，一般可选择易养护且维持时间长的植物种类，尤以各类观叶植物为主，宜摆放在不易为人们所经常碰触的位置（图2-4-13）。

办公室绿化以简洁、清新为主，其表现手法大致可分为以下几种。陈列式，以点状、线状、面状植物作为装饰形式，可以是植物组团，抑或是较为规矩的植物阵列等，对办公空间的节奏进行调整与优化；垂吊式，则注重与天花、灯饰的结合，在较大的办公环境中，垂吊式的植物可增加空间的灵活性与生动性；壁式，不仅不占用平面空间，亦可丰富竖向空间，但相较于其他手法，壁式更加注重植物的形态以及色彩，进而达到与墙面相协调的效果；攀附式，利用爬藤植物进行装饰，起到合理划分空间以及丰富空间的作用。面积较小的办公室，可合理利用窗台、墙角及办公桌等位置，进行少量植物点缀。面积较大的办公室，还可设立多层次的花架，或可移动种植池（图2-4-14）。

图2-4-13　办公空间观叶植物　　　　　　　　　　图2-4-14　不同规模绿化设计
（墨尔本Candlefox新办公总部室内设计）　　　（苏格兰Polyglot办公室、布达佩斯EY办公室休闲区）

第三，餐饮空间，较为大型的餐饮空间可根据餐厅风格进行近似风格的植物配置，如北欧风格餐厅可以选择一些较为简洁的观叶植物；具有民族特色的餐厅可以选用当地较为特色的植物进行配置。除了在餐厅的开敞空间进行植物配置之外，餐桌上的植物也是餐饮空间植物设计的重点之一，也可以说是餐厅中的点睛之笔。餐桌上的植物多数放在餐厅中间，构成视觉焦点，可按照不同环境特点进行配置。如欧式餐厅中，餐桌上的植物可选择具有风格特点的以观花为主的植物进行装饰（图2-4-15）。

酒吧与咖啡厅一般在吧台、服务台上用艺术插花或瓶花作装饰，人们可以在有限的空间里享受绿色、自然的美感。植物本身具有观赏的价值，植物的优美线条、明亮的色彩、多变的造型都是自然属性中美的一种升华（图2-4-16）。

图2-4-15　餐饮空间绿化（罗马尼亚Kane美食工坊、深圳原石·牛扒）

图2-4-16　悬吊的植物设计（纽约Village Den咖啡厅）

第五节 公共空间设计与色彩设计

一、色彩设计基本理论

公共空间中环境光线的明暗变化、材质的肌理与质感、物体自身的颜色等均为影响空间色彩环境的重要因素，并相互制约。在设计中如何协调各个空间界面与物体相互之间的材质肌理、呈现色彩、空间效果，从而使室内环境的色彩与空间达到既有对比变化，又有协调和统一，以此构成一个有机的色彩空间，是公共空间色彩设计需要解决的重要问题。

（一）公共空间色彩的设计原则

第一，符合空间功能需求。色彩的运用应充分考虑其场地的使用功能与空间属性。除了场地的基本功能属性，不同的空间环境亦具有不同的精神属性，因此在设计中，应先深入挖掘该空间环境的使用需求与精神需求。对于基本生产生活空间而言，应采用较为明亮、清晰的色彩，且多以冷色调为主，如办公空间、商业空间、机场、医院、教育机构。对于具有一定文化属性的空间则应根据实际的文化属性进行相应空间的色彩选择与运用，色彩氛围较之上述空间具有明度较低、纯度较低的特点，如博物馆、科技馆、剧院。除此之外，对于餐饮空间、个别展览空间等极具个体属性以及强调个性主题的空间，界面色彩则应体现一定的协调与对比的设计原则。因此，色彩的设计可以说是实用性与艺术性的结合。

第二，符合空间构图需要。在满足各空间基本功能的基础上，色彩的设计不仅要使各空间界面清晰、明确，同时也应使各界面的色彩面积、色相、明度、纯度等配置合理，充分发挥构图优势，起到优化空间层次、强化空间特点及美化空间构图的作用。明确主色调，根据空间功能确定空间基调，如冷色调、暖色调以及纯度高低或明度高低。在确定主色调以后将其他辅助色与其匹配，并适度考虑施色部位以及分配比例，最后进行点缀色运用，直至使空间色彩达到协调统一。各类空间具有各自的色彩构成特点，但在大多空间色彩构成过程中，纯度较高的色彩不宜用于面积较大的界面，可用于小面积界面，进而提升空间韵律感与节奏感。

第三，改善空间环境效果。可利用各色彩的基本属性以及视觉、心理感受对空间环境加以影响，改善空间的环境与氛围。如办公空间通常具有较为紧张的环境氛围，各界面色彩亦有着较为冷静的感受，可结合一些纯度较高的色彩进行空间点缀，或引入绿色植物及设计颜色较为鲜明的文化墙等，适度增加活跃气氛，调节办公氛围；又如利用色彩的放大、缩小的视觉感受特点，对空间进行合理改善与调节。

第四，尊重地域民族文化。不同地区由于气候特点、地理环境、生态环境等因素影响，对色彩的需求也存在着一定差别。各民族由于不同的生活习性与地域文化的不断演变与沉淀，形成了不同的审美认知。因此在设计中应充分考虑这些特点，客观、科学、正确地使用色彩。

（二）公共空间色彩的设计方法

第一，色彩的协调与统一。如何在公共空间色彩设计中合理运用色彩的色相、色调、明度、纯度的变化使公共空间色彩能够统一、协调并具有一定对比关系，是空间色彩设计需要思考的主要问题。通常色彩的协调不但指色相的相近，更重要的是色彩的明度与纯度的协调与相似。往往在相近明度、纯度的色调中可通过不同的色相变化形成冷色调或暖色调（图2-5-1）。

第二，色彩的变化与对比。色彩的变化与对比由色彩的面积大小、色彩的繁简对比、色彩的轻重对比等相互作用而形成，并影响着空间环境的色彩效果。如在空间中大面积使用同一色系不同明度的色彩，先使空间界面形成整体的视觉效果，而后在个别物体或少量界面中运用色彩轻重变化进行对比变化。通过同色系的相近颜色达到空间中统一协调的感觉，通过局部的色彩轻重对比产生一定的视觉冲击，形成色彩的统一与对比的变化规律（图2-5-2）。

图2-5-1　色彩的协调（雁舍北京西单大悦城店）

图2-5-2　色彩的变化与对比，暖色与冷色（墨尔本Via Porta熟食店、英国伦敦Grind咖啡鸡尾酒吧餐厅）

第三，色彩的韵律与节奏。如同欣赏音乐一样，空间的色彩设计过程中也应遵循一定的韵律与节奏关系。在设计中通过对空间中的色彩的基调、连续空间的近似色调、个别空间的互补色调的合理运用与设计，将原本一成不变的空间设计变成时而变化丰富、时而平稳舒缓、时而具有强烈冲击力的极具变化与节奏的空间，充分体现色彩运用在公共空间设计中的重要作用与强大魅力（图2-5-3）。

图2-5-3　色彩的韵律（澳大利亚悉尼的拉面餐厅WAGAYA）

二、色彩设计在室内公共空间设计中的应用

色彩作为公共空间设计的一部分，可以通过色彩的搭配将空间的个性凸显出来，而色彩的设计具体可以从以下几个方面进行。

首先，主色调，针对空间中最基本的背景色即空间中的不同界面进行色彩设计，如顶棚、墙面、地面，这些界面具有较大面积，结合合理的色彩运用能够体现出空间整体的风格定位。因此，空间中这些较为主要的界面在设计中往往起着十分重要的作用，需根据不同功能、不同主题定位、不同空间尺度、不同风格进行合理设计。并且在结合色彩的同时，需考虑各界面不同材质肌理、不同面积大小所给人的色彩层面的视觉感受。

其次，辅助色调，在空间中各大界面色调确定之后就要介入辅助色调，进行窗帘、地毯、桌椅等面积较大的次要界面的色彩设计。在此设计阶段，在考虑主色调的同时，应适当考虑同色系的色相、明度、纯度的相应变化，避免与主要界面色彩过于雷同重叠。同时应考虑整体环境中色彩的节奏与韵律，如增加个别辅助界面的互补色与对比色，以便增加环境的变化与节奏，提升环境的空间层次与色彩变化。

最后，点缀色。在主色调即空间的色彩基调以及辅助色调确定之后，在主题风格以及节奏韵律的整体把控的前提下，结合空间中的小面积色彩，如灯具、家具、艺术装置、绘画雕塑进行空间色彩点缀与丰富。如图2-5-4中，主体色即背景色是以木质颜色将整个空间基调确定，墨绿色墙面造型为辅助用色，墙面点缀灯光及地面白色块砖的运用，起到为整体空间氛围进行点缀与提亮的作用，并且配合其辅助颜色营造出室内气氛。

图2-5-4 云南佐敦道餐厅酒吧

第六节 公共空间设计与视觉系统设计

一、视觉系统设计基本理论

公共空间视觉设计往往需充分结合该空间的功能与性质进行合理设计。一般来讲，公共空间视觉设计包含两个方面，一方面是指空间中的视觉识别系统，在公共空间中具有一定空间引导性、空间认知性、空间装饰性，且体现一定主题或有统一风格的视觉导向设计，主要体现在导引标识的字体、色彩、形状、材质、光感、标识等内容。另一方面，公共空间的视觉系统还包括一套企业自有的可视、可感的形象体系。在空间的视觉形象设计中，应运用该品牌统一的视觉形象符号，进行空间中导视系统、墙面、桌椅等可视化设计。

在生活中，人们常常因为能够根据导视系统快速地判断出目的地的方位而获得很多便利。随着导视系统数量与种类的增多，为了更好、更迅速地识别出不同类导视系统，导视系统的形式也产生了多种变化。

第一，墙体导向及标识。墙体导向设计主要是对墙体造型、色彩、纹理、文字、图案等的设计。这些设计首先是要达到对空间性质的传达作用，其次起到扩大空间感或缩小空间感的作用。另外还包括对疏散通道指示灯、公益广告牌、禁止吸烟、禁止喧哗等指示性形象的设计（图2-6-1）。

图2-6-1　墙体导视系统（阿里巴巴访客中心导视系统）

第二，空中导向及标识设计，主要是指悬挂或吊于顶面的标识，如吊旗、通道提示标识、警示牌，也是在公共空间中最为常用且不可或缺的一种形式。这种形式往往有助于人们快速识别导视牌，并且能够较为直观地明确所导向的内容（图2-6-2）。

图2-6-2　悬吊式导视系统（特列季亚科夫美术馆导视系统设计）

第三，地面导向及标识设计，主要指对地面装饰、图形、图案的设计，起引导人们沿路线前进的作用，是视觉标识形象和装饰形象在地面上的反映。这种标识方法常用于商业空间以及主要服务于儿童的空间中（图2-6-3）。

图2-6-3　地面导视系统（港南町健康中心导视系统设计）

二、视觉系统设计在室内公共空间设计中的应用

（一）医院导视系统应用

大型医疗机构的标识形象是社会服务现代化、优质化的体现。现代的医疗机构已逐渐形成比较完备的服务体系，部门、科室分工细致、科学，特别是近几年，分科更为细致讲究。因此，医院内部共用空间，如果没有完备的、系统化的标识导示系统作引导，会给就医者造成很大的不便。医院室内空间的导视系统可大致分为四级，一级为建筑主要出入口楼层导引图，二级为建筑内各科之间公共区域指示牌，三级为各科室行政门牌、病房牌等，四级为个别空间警示牌、提示牌等。在设计过程中应本着以下几点原则。

首先，信息可识别性。应明确医院环境中，导视系统应具有明确的可识别性与可视性，重要的信息导引应具有醒目、清晰的特点，且易于察觉，能够快速被人发现。如运用导视牌的高度、色彩以及字体大小，便于使用者能够快速识别信息。其次，导视系统统一性。在可识别性的基础上，信息要易于察觉，注意各类信息间的协调统一，避免同类信息导引形式不断变化，为就医过程增添不必要的麻烦。再次，人性化设计。导视系统的设计应符合基本人体工程学，应根据不同科室实际情况进行相应人性化的设计，可体现在导视牌的尺寸、文字大小、色彩材质、图形符号、规划位置以及是否需结合声控、触控等，以上均关乎患者是否能够通过导视系统顺利到达就诊科室。最后，品牌形象性。标识导视系统进入医院，是医院贯彻"以人为本"理念的重要体现，同时也是医院形象的整体体现。应根据该医院的整体文化或当地地域文化进行相应的造型、色彩、字体等艺术设计。在满足基本功能的前提下，将整个医疗过程设计为科学、有序、高效的导视流程。由北京汉符设计公司设计的天津医院导视系统，具有一定主题性与功能性，将信息简洁、直观、明确地传达给人们（图2-6-4）。

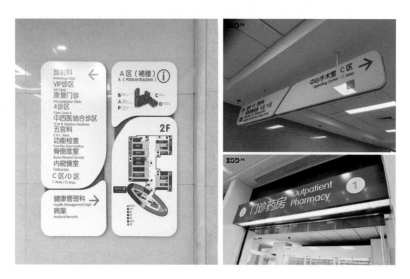

图2-6-4　天津医院导视系统

（二）商业空间导视系统应用

　　商业空间相较于其他公共空间，其人群活动类型较为复杂，且消费者行动轨迹具有临时性与不确定性，因此建筑内部路线指引变得尤为重要。主要应考虑平面总导览图、楼层功能导览图、商铺编号标识，以及电梯、卫生间、服务台等各功能空间名称标识导览图。同时，由于商业空间本身环境较为复杂，导引标识尽量做到简洁明了，且突出可见，可适当采用电子显示屏或将通过材质的变化凸显导视系统。做好各相关区域的标识，以便有效地引导人群购物、用餐及进行娱乐休闲体验（图2-6-5）。

图2-6-5　蒙特克莱尔广场标识设计

（三）办公空间导视系统应用

标识导视系统是环境中静态的识别符号。一个完备的办公空间导视系统涉及以下几方面标识设计。第一，主要形象展示标识。主要出入口企业形象展示墙，主要用于展示企业文化、企业形象、企业Logo等，应根据自身企业文化进行相应设计。通常此类标识设计以简洁明快、创意新颖、突出重点的设计方式进行企业形象展示，因而在现代企业中应用越来越广泛。第二，总平面索引标识。总平面索引标识作为现代建筑的组成部分，其造型的设计、色彩的搭配及制作的工艺等均须仔细斟酌，以使之与主体建筑及绿植相互辉映。第三，楼层索引标识。楼层索引标识一般放置在楼梯口和电梯口处，用于标明各楼层房间的单位。第四，空间指示标识。办公楼中的空间指示标识牌用于标识企业及部门名称，也是企业VI形象的组成部分，应与企业总体视觉形象系统结合，与办公桌上的名牌以及办公用纸等统一策划并设计。第五，功能标识。功能标牌主要包括温馨提示标识、公共安全标识、开水间标识、洗手间标识、天气预报和日期提示标识等。明快齐全的功能标识牌既能给人方便，也提高了效率，已成为大厦管理中的必需品（图2-6-6）。

（四）校园导视系统应用

校园导视系统相较于其他公共空间导视系统而言，户外导视系统占比较大，其中包括户外各建筑、各分区、各功能组团以及道路之间的信息识别系统。在设计过程中应注意以下几方面。首先，校园内的所有标识形象都应塑造出个性鲜明的校园文化氛围，个别还需考虑不同建筑内部功能的不同，导视系统的风格应略有不同。其次，应展现一定的人文关怀细节，充分尊重使用人群，以人为本，根据使用人群设计相应尺度的导视系统。最后，应建立基于视觉、听觉、触觉的全方位、明确的导视系统（图2-6-7）。而各建筑内部公共空间的导视系统则大致分为教学楼、行政楼、体育馆以及图书馆、艺术中心等，其内部设计细节包含以下几方面。

第一，建筑名称标识，主要是指各办公楼、教学楼、实验楼、体育馆以及其他建筑的名称。在设计中应遵循统一、整体的基本原则，即体现校园文化与氛围。第二，建筑内部总索引和楼层索引，将各教学楼内部的总平面图与楼层各房间分布详尽地表述。通常总索引置于建筑主要出入口，便于明确该建筑内部有哪些科室与办公室，而楼层索引则分布于各楼层的主要出入空间，将本层楼中的各教室、科室、办公室的名称与房间号定位标识清楚，以上两种索引也是整个校园建筑内部导视系统中不可缺少的一环。第三，各教室、功能用房、办公室标识。教室、办公室标识的风格应简洁大方，可根据各建筑功能进行相应风格化设计，该部分设计应更注重人性化设计，针对不同使用者进行相应设计（图2-6-8）。第四，其他标识。教学楼内除基本导引信息牌以外，还有许多用于公益、交通提示、安全警示的标语牌。此类标语牌设计应尽量简洁及清晰明了，突出所要表达的内容，切忌装饰复杂，有失轻重。第五，橱窗与宣传栏。此类内容需要频繁地变更，因此应注意安装的便利性、设计的合理性及多样性的基本要求。同时根据所要表达内容的类型进行合理设计，营造一个和谐舒适的文化氛围。

图2-6-6　北京西堤红山联合办公空间
（简约导视设计）

图2-6-7　蒙特塞拉特Abelló图书馆导视设计

图2-6-8　北京临川国际学校导视系统设计

（五）机场导视系统应用

机场导视系统须是一套具有科学性、系统性、艺术性、高效性的视觉识别系统，在设计过程中，应以导视系统的使用者与管理者的不同需求为前提加以设计，避免以下问题发生。

首先，避免公共信息传递不完善。机场空间相对其他空间稍显错综复杂，许多航站楼的设计只考虑旅客在某一航站楼的出发、到达以及中转流程，并未考虑多个航站楼间的转运与旅客反流流程。因此，在设计过程中可适当在主要出入口增加所在点位与到达点位、各航站楼明确位置、各层功能等信息系统，结合平面导览图的形式将信息传递清晰。

其次，避免公共信息混淆。航站楼导视系统在设计与使用中，往往为了强调系统性，使得各类导视系统几乎无差别设计，无论是材质、颜色、光感、形式等，因此常常导致使用者在使用过程中，需要在许多雷同信息指引系统中找到自己所需的信息内容，浪费大量精力与时间。因此，在设计过程中，应考虑重点信息或是主要信息的突出性，需要合理运用色彩的差异、形式的差异、光感的差异甚至设计造型的差异，进一步强调一套完整的导视系统中不同类型导视指引标识的差异性。如日本成田国际机场3号航站楼（图2-6-9）。

最后，避免导视系统缺乏艺术性。许多机场的导视系统缺乏当地地域文化特点，缺乏创意思维的体现，对于很多初到某一国家、某一城市的差旅人员而言，机场不但代表着国家、城市的形象，而且是地域民族文化形态的体现，而这些文化直观体现在视觉导视系统上。因此，在设计过程中应从导视系统的材质、色彩、人文与历史等方面对其进行设计，进而设计出科学、系统、美观、有效的标识导视系统。

图2-6-9　日本成田国际机场3号航站楼

第三章 公共空间的设计表现

第一节 公共空间的设计原则

公共空间环境的形态千姿百态、类型繁多。公共空间的空间形成，除了受其功能性要求影响以外，还与不同的社会制度和规划条件、经济状况和科技水平、民族传统和审美观念以及地域习俗和自然环境等方面息息相关。公共空间虽然类型多样，空间形式风格大不相同，空间使用目的和使用要求相异，但作为空间来讲，还是有以下共性的原则：环境协调性原则、系统性原则、高新技术性原则、艺术多样性原则、可持续性原则等。

一、环境协调性原则

公共空间作为满足人类物质与精神需求的高度统一的空间形态，必须坚持发展生态环境，减少工业对环境的破坏，实现空间环境可持续利用的绿色理念。公共空间环境协调性要求的特征通常是指空间环境本身和周边环境的相互关系。首先是空间环境本身，基于公共空间环境的功能特征，其内部空间和外部形态往往是大小空间环境不同、体型不同的组合体。依托新技术、新材料解决空间环境跨度和形态大小等问题，从而协调各种形态之间、大小之间的对比关系，这是公共空间环境形态协调性的特征要求。其次是公共空间环境在城市环境群体中的协调至关重要，某种程度上可以成为城市中心的标志性公共空间环境。特定情况下，还要协调民族传统、地域特色和创新性之间的关系，如图3-1-1、图3-1-2所示。

图3-1-1 悉尼歌剧院

图3-1-2 中国澳门威尼斯人购物中心

　　一个合格的公共空间要以方便周围生活的人群为初衷。公共空间的复杂性在于需要将各个方面都考虑到设计中去，如座位、户外空间、公共艺术、社区花园、壁画。为了形成不同类型的空间形态，如休闲聚会、剧场影院、公共平台、展馆，在公共空间设计的初期，就要充分考虑这些场所与周边环境之间的关系，这是一个复杂的过程，需要将环境与人聚集在一起，对空间进行试验、运作、理解等环节的磨合。令人满意的公共空间设计一定是立足于特定的场所，从详细的人群分析出发，通过在建筑与环境之间建立联系，设计出视觉上引人入胜、功能上高度完善的场所，正如设计大师贝聿铭所说，设计不是追求流行，而是追求自然坏境，如图3-1-3所示。

图3-1-3 苏州博物馆

二、系统性原则

在城市公共空间的设计中，设计师应该以系统化为设计原则，以公共空间与建筑及环境之间的关系为设计出发点，保证公共空间中各个环节之间的良好协调性。公共空间系统化是随着科学技术不断发展而日趋完善的。公共空间的形成是建立在适用、经济、可持续、美观等前提下的，做好建筑与环境的系统性协调规划，完善配套设施，构建安全便捷的交通体系，提升城市功能品质。现代公共空间的系统化正是保证公共空间环境舒适性的手段。公共空间系统是由诸多部分组成的，主要包括空间界面系统、电力系统、照明系统、空调系统、给水排水系统、消防系统、安保系统、视觉导向系统、网络系统、查询系统等。各部分系统之间既要保持相对的独立性，又要与整体保持有机的联系。

三、高新技术性原则

现代公共空间不乏运用先进的技术创造形态变化丰富、造型奇特的设计，同时数字化设备也在公共空间中得到大量使用，高新技术为建造高品质的公共空间提供了必要的技术条件。自20世纪70年代的能源危机以来，以节约能源和资源、减少污染为核心内容的可持续发展的设计理念逐渐成为建筑设计界追寻的方向，因此公共空间设计逐步向生态型高新技术方向发展，如图3-1-4所示。

高新技术特征主要体现在以下三个方面。第一，数字化技术。通过计算机模型数据来研究公共空间的形式、功能等设计要素，以及涉及材料表面的质感及色彩、建筑光影的模拟等研究。在AutoCAD等制图软件的辅助下，不仅能方便地绘制出符合专业规范要求的图纸，还能生成一定量的方案审批所需的统计数据。例如3ds Max、SketchUp、Lumion等辅助设计软件，能帮助设计师快速地将其设想概念化、

图3-1-4　新加坡机场

形象化。自动生成技术，可利用人工智能技术自动生成设计方案，如图3-1-5所示。在自动生成方案设计过程中，人工智能技术将有效地支持概念设计活动。第二，营造工艺的高新技术。利用先进的结构（如大跨度巨型结构）和设备（如PV光电板），材料（如透明绝热材料）和工艺（如数字化放样加工的自动化建造系统）等，通过这些技术创造理想、舒适的人工环境，如图3-1-6所示。第三，内部空间的灵活性。如图3-1-7所示，建筑物内部的空间可以灵活划分，也可以根据需要进行扩展而不影响原有建筑物的正常使用。在设计理念上，公共空间不再是所谓的"凝固的音乐"，而是一曲现代爵士乐，是流动的，而非固定的。在应用技术上，这种灵活性主要依靠先进的结构和现代化设备体系来实现。

图3-1-5　人工智能技术自动生成的图形

图3-1-6　国家体育场（鸟巢）

图3-1-7　法国蓬皮杜艺术中心

四、艺术多样性原则

公共空间设计中艺术风格的多样化是由不同因素综合而成的，例如，设计师的创作个性、不同欣赏者的审美差异、时间长度上的多样性和空间广度上的多样性，都会影响着公共空间设计的艺术风格。

解决各类物质功能和技术经济问题的同时，还要满足较高的造型和艺术要求。也就是说，根据公共空间的功能类型，建造既具备艺术形式美感，又能够满足大众需求的公共空间环境，在其空间形态的表现手段和艺术性呈现方面，应具备不同的特点，切不可千篇一律，如图3-1-8、图3-1-9所示。

图3-1-8　古埃尔公园　高迪　　　　　　　　　　　图3-1-9　圣家族大教堂　高迪

在以满足精神功能为主要目的的公共空间环境中，一方面需要运用美学法则构建空间环境要素来满足审美需求，另一方面还要运用特定的功能性建筑符号和其他艺术手段来抽象地表达公共空间环境的主要内容，强调和增强空间环境的特定气质，使观者产生联想和共鸣，继而达到一种积极的心灵触动和感受，如图3-1-10所示。

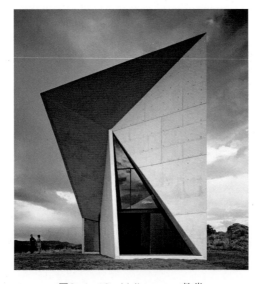

图3-1-10　Valleaceron教堂

五、可持续性原则

如今中国跟全球各地一样已经出现了各种生态问题，同样面临着环境污染和生态退化的困境。这些问题已经严重阻碍了我国的城市建设及经济发展速度。另外，伴随国民经济的增长，消费水平的提高，为满足人民日益增加的生活需求，许多大型公共项目亟待开发。对于新开发的大型项目，如何协调好环境恶化问题与社会经济快速增长的关系，是作为设计师需要研究的重点。公共空间的可持续性策略研究是对经济贡献、环境保护和社会责任的结合。其具有进步意义，并明确公共空间的可持续发展目标是：低碳、生态、可持续。

建筑空间依赖于空间的组合、形状、规模、功能等因素，任何空间设计都应考虑这些关系。多样性功能空间并不是简单地将各种功能空间放在一起，而是要发挥"1+1≥2"的效果，这种效应反映在公共空间设计的许多方面。功能空间是公共空间设计最核心的功能组成部分，也是可持续性设计研究的重点，需根据公共空间功能空间的特点和原则探讨可持续性设计策略。

（一）以美为原则

所有的公共空间设计，"美"是最高的准则和追求。每个阶段人们对"美"的诠释都是不一样的，而现今人们意识到保护环境的重要性，在公共空间设计中越加重视人与自然和谐，人文环境与自然环境整合。为了做到这点，城市公共空间设计中必须强调如何塑造和谐的空间氛围。现代人们的生活水平不断提高，人们的生活节奏越来越快，渴望着闲情逸致的生活。因而，要求公共空间设计能够满足人们对自然环境、和谐空间的需求。为了实现这一要求，应利用公共空间设计的材料、照明、音乐、色彩、生态等元素进行合理的策划与设计，创造良好的空间文化和空间氛围。比如生态元素在环境理念盛行下无论在室内外空间都得到了广泛应用，如图3-1-11所示。

图3-1-11　环境与绿植结合

（二）注重人性化因素

现代公共空间设计中的可持续发展理念，就是利用生态思维将公共空间设计和环境设计纳入生态系统，既能满足经济的需求，又能促进人与自然和谐相处，维持经济与生态的平衡。比如，充分考虑人的视觉感官与生理感觉，使设计更加贴近人，给人以"舒适"的感受。目前，公共空间的舒适情况是人们选择公共空间的重要标准之一，使得人性化设计在公共空间占据着重要的地位，如图3-1-12所示。

图3-1-12　公共空间与人性化设计

（三）通过共生思想改善原有公共空间设计

共生思想要求公共空间要更加关注空间与空间之间的关系。在原有的空间基础上利用空间元素体现现代公共空间特质，使公共空间经过二次设计创造不一样的效果。比如某商场展示区出于商品展示需要，要求在现有的空间上进行第二次设计。如图3-1-13所示，现将生态元素转变为符号注入空间墙体和底板设计，合理利用原有空间满足了端口展示的需要，完全没有造成不必要的浪费，实现了和谐共生的思想理念。

图3-1-13　上海老佛爷百货商店

第二节　公共空间设计要素

一、空间与界面

（一）顶界面

1.顶界面要素设计

顶界面即空间的顶部。在楼板下面直接用喷、涂等方法进行装饰的称为平顶；在楼板之下另做吊顶的称为吊顶或顶棚，平顶和吊顶又统称为天花。顶界面是三种界面中面积较大的界面，且几乎毫无遮挡地暴露在人们的视线之内，故能极大地影响环境的使用功能与视觉效果，必须从环境性质出发，综合各种要求，强化空间特色。

首先，顶界面设计要考虑空间功能的要求，特别是照明和声学方面的要求，这在剧场、电影院、音乐厅、美术馆、博物馆等建筑物中是十分重要的，如图3-2-1所示。以音乐厅等观演建筑物为例，顶界面要充分满足声学方面的要求，保证所有座位都有良好的音质和足够的强度，因此，许多音乐厅都在屋盖上悬挂各式可以变换角度的反射板，或同时悬挂一些可以调节高度的扬声器。为了满足照明要求，剧场、舞厅应有完善的专业照明，观众厅也应有顶饰和灯饰，以便让观众在开演之前及幕间休息时欣赏。电影院的顶界面可以相对简洁，造型处理和照明灯具应将观众的注意力集中到银幕上。其次，顶界面设计要注意体现建筑技术与建筑艺术统一的原则，顶界面的梁架不一定都用吊顶封起来，如果组织得好，并稍加修饰，可以节省空间和投资，同样能够取得良好的艺术效果。最后，顶界面上的灯具、通风口、扬声器和自动喷淋等设施也应纳入设计的范围。要特别注意配置好灯具，因为灯具既可以影响空间的体量感和比例关系，又可以使空间具有不同风格或气氛，如豪华、朴实、平和、活跃。

图3-2-1　《国家宝藏》栏目多功能舞台

2. 顶界面的造型

顶界面的装饰设计首先涉及顶棚的造型。从建筑设计和装饰设计的角度看，顶棚的造型可以分为以下几大类。第一类是平面式。平面式顶棚的特点是表面平整，造型简洁，占用空间高度少。例如发光顶棚的照明问题，利用乳白色玻璃、磨砂玻璃、晶体玻璃等半透明漫射材料或格片作为吊顶的面层，内装以白炽灯或荧光灯为主的光源即构成了发光顶棚。这种低亮度漫射型照明装置的主要特点是发光表面亮度低而面积大，照度均匀、光线柔和，无强烈阴影、无眩光，常用于音乐厅、会议室、商场等，如图3-2-2所示。第二类是折板式。折板式顶棚表面有凹凸变化，可以与槽口照明相结合，能适应特殊声学要求，多用于电影院、剧场及对声音、音响有特殊要求的场所。第三类是网格式。网格式顶棚包括混凝土楼板中由主次梁或井式梁形成的网格顶，也包括在装饰设计中另用木梁构成的网格顶。后者多见于中式建筑物，其意图是模仿中国传统建筑的天花。第四类是分层式。分层式顶棚的特点是整个天花有若干不同的层次，形成层层叠落的态势。可以中间高，四周向下叠落；也可以周围高，中间向下叠落。叠落的级数可以为一级、二级或更多，高差处往往设有槽口，并采用槽口照明，如图3-2-3所示。第五类是悬吊式。悬吊式顶棚就是在楼板或屋面板上垂吊织物、平板或其他装饰物。悬吊织物具有飘逸潇洒之感，可以有多种颜色和质地，常用于商业及娱乐建筑。悬吊式顶棚可以形成不同的高低和角度，多用于具有较高声学要求的厅堂。悬吊旗帜、灯笼、风筝、飞鸟、蜻蜓、蝴蝶等，可以增加空间的趣味性，多用于高大或开敞的商业、娱乐和餐饮空间，如图3-2-4所示。悬吊木制或轻钢格栅，体量轻盈，可以大致遮蔽其上的各种管线，多用于超市。

图3-2-2　音乐厅顶界面造型

图3-2-3　顶界面吊顶结构

图3-2-4　商业空间顶界面造型

（二）侧界面

1. 侧界面要素设计

　　侧界面也称为垂直界面，有开敞式和封闭式两大类。前者是指立柱、幕墙、有大量门窗洞口的墙体和各种各样的隔断，以此围合的空间，常形成开敞式空间。后者主要是指以实墙围合的空间，常形成封闭式空间。侧界面的面积较大，距人较近，又常有壁画、雕刻、挂毡、挂画等壁饰。因此侧界面装饰设计除了要遵循界面设计的一般原则外，还应充分考虑侧界面的特点，在造型、选材等方面认真地进行推敲，全面顾及使用要求和艺术要求，充分体现设计的意图。侧界面结合饰面做保温隔热处理，可以提高墙体的保温隔热能力，也可以通过选用白色或浅色饰面材料反射太阳光，减少热辐射，从而节约能源，调节室内温度。侧界面采用吸声材料，可以有效控制混响时间，改善音质。增大饰面材料的面密度或增加吸声材料，可以不同程度地提高墙体的隔声性能。侧界面是家具、陈设和各种壁饰的背景，应注意发挥其衬托作用。若有大型壁画、浮雕或挂毡，室内设计师应注意其与侧界面的协调，保证总体格调的统一。此外，还应注意以下两点：第一为应注意侧界面的空实程度，有时可能是完全封闭的，有时可能是半隔半透的，有时则可能是基本空透的；二是应注意空间之间的关系以及内部空间与外部空间的关系，做到该隔则隔，该透则透，尤其应注意吸纳室外的景色。

　　应尽可能地通过侧界面设计展现空间的主题性、地域性与时代性，与其他要素一起综合反映空间的特色。从总体上看，侧界面的常见风格有三大类：第一类为中国传统风格；第二类为西方古典风格；第三类为常见的现代风格。中国传统风格的侧界面，大多借用传统的文脉符号，并多用一些图案，如如意、龙、凤、福、寿，表达祝福喜庆之意。西方古典风格的侧界面，大多模仿古希腊、古罗马的元素符号，并喜用雕塑做装饰，常常出现一些古典柱式、拱券等形象，也有些古典风格的侧界面着力于模仿巴洛克、洛可可的装饰风格。现代风格的侧界面大多简约，不刻意追求某个时代的某种样式，更多的是通过色彩、材质、虚实的搭配，表现界面的形式美，如图3-2-5所示。

图3-2-5　现代风格侧界面

2. 侧界面的造型

常用侧界面包括直接镶贴饰面、贴挂类饰面、罩面板类饰面、清水墙饰面等。① 直接镶贴饰面的基本构造。直接镶贴饰面由找平层、结合层、面层组成。找平层为底层砂浆，结合层为黏结砂浆，面层为块状材料。用于直接镶贴的材料有：陶瓷制品（陶瓷锦砖、釉面砖等）、小块天然石或人造大理石、碎拼大理石、玻璃锦砖等。面砖饰面一般用于装饰等级要求较高的工程。② 贴挂类饰面的基本构造。当板材厚度较大，尺寸规格较大，镶贴高度较高时，应以贴挂相结合。其做法有贴挂法（贴挂整体法）、干挂法（钩挂件固定法）。③ 罩面板类饰面的基本构造。竹、木及其制品常用于侧界面护壁或其他特殊部位，外观纹理色泽质朴、高雅，给人温暖、亲切、舒适的感觉。墙面护壁常用原木板、胶合板、装饰板、圆竹、劈竹等。吸声、扩声、消声等墙面，常用穿孔夹板、软质纤维板、装饰吸声板、微薄木贴面板、硬质饰吸声板、硬木格条等。④ 清水墙饰面的基本构造。清水墙暴露墙体材料构造，只对缝隙进行处理。其特点是朴素淡雅，耐久性好，不易变色，不易污染，不易褪色和风化。

（三）底界面

1. 底界面要素设计

公共空间底界面设计一般是指楼地面的设计。楼地面的装饰设计应考虑使用上的要求，普通楼地面应有足够的耐磨性和耐水性，并便于清扫和维护。经常有人停留的空间如办公室等，楼地面应有一定的弹性和较小的传热性。某些楼地面还会有较高的声学要求，为减少空气传声，应严堵孔洞和缝隙，为减少固体传声，应加做隔声层等。楼地面面积较大，其图案、质地、色彩可能给人留下深刻的印象，甚至影响整个空间的氛围。为此，必须慎重选择和调配。

2. 底界面的造型

楼地面的图案选择应充分考虑空间的功能与性质。在没有多少家具或家具只布置在周边的大厅，可以采用中心比较突出的图案，并与顶棚造型和灯具相对应，以显示空间的华贵和庄重，而像过厅这样的交通空间则需要一定的导向性，可以用连续性图案，让图案发挥诱导、提示的作用。在室内空间设计中，设计师为追求一种朴实、自然的情调，常常故意在内部空间设计一些类似街道、广场、庭园的地面，其材料往往为大理石碎片、卵石、广场砖的石板。

底界面主要有以下几种造型形式，第一种为玻化砖。玻化砖是以优质的瓷土为原料，在1230℃以上的高温下，使砖中的熔融成分呈玻璃状态，具有玻璃般亮丽质感的一种新型高级铺地砖，也称为全瓷玻化砖。玻化砖强度高、吸水率低、耐磨防滑、耐酸碱，不含对人体有害的放射性元素。常应用于各类高级商务大楼工程的地面设计，是一种中高档的装饰材料。地砖的规格也由单一的尺寸发展到大规格尺寸，且颜色丰富多彩。第二种为天然大理石。天然大理石是石灰石与白云石经过地壳内高温、高压作用形成的一种变质岩，通常是层状结构，具有明显的结晶和纹理，属中硬石材。天然大理石具有花纹品种繁多、色泽鲜艳、石质细腻、抗压强度高、吸水率低、耐久性好、耐磨、耐腐蚀及不变形等优点。浅色大理石的装饰效果庄重清雅，深色大理石的装饰效果则显得华丽而高贵。第三种是橡胶地毡。橡胶地毡是以天然橡胶或合成橡胶为主要原料，加入适量的填充料加工而成的地面覆盖材料。橡胶地毡具有弹性较好、保温、耐磨、防滑、不导电等性能，适用于展览馆、疗养院等公共建筑，也适用于车间、实验室的绝缘地面以及游泳池边、运动场等防滑地面。第四种为地毯。地毯是一种高级地面饰面材料。地毯具有美观、脚感舒适、富有弹性、吸声隔声、保温、防滑、施工和更新方便的特点，广泛应用于宾馆、酒店、写字楼、办公用房等公共空间中。地毯分为纯毛地毯、混纺地毯、化纤地毯、剑麻地毯和塑料地毯等。纯毛地毯的特点是柔软、温暖、舒适、豪华、富有弹性，但其价格昂贵，易虫蛀霉变。其余种类地毯，由于经过改性处理，可以得到与羊毛地毯相近的耐老化、防污染等特性，而且具有价格较低、耐磨、耐霉、耐燃、颜色丰富、毯面柔软强韧等特点，可以用于室内外，还可以做成人工草皮，因此应用范围较羊毛地毯广。第五种是活动地板。活动夹层楼地面是由各种装饰板材经高分子合成胶黏剂胶合而成的，有活动木地板、抗静电的铸铅活动地板和复合抗静电活动地板等，配以龙骨、橡胶垫、橡胶条和可调节的金属支架等组成楼地面。

二、空间与要素

当"人"的角色在空间中被强化时，设计师在进行空间设计时要首先考虑人的生理与心理健康。在对城市公共空间进行设计的时候，就更要将不同环境形态的影响性考虑在设计之中，包括自然形态，如地质因素、气候、河流、植被，还包括社会经济形态，如资源、人口、农业、经济腹地、交通、教育、医疗、基础设施、政策支持、历史文化、宗教、军事、政治、对外开放程度、信息通达度。

一方面，在设计形式上，首先要做到空间形态统一，这里包括空间中的色彩、构件、材料、风格等基本元素的统一。空间上要将界面形态、建筑形态、环境形态等元素进行充分考虑。城市核心公共空间区域的形态相对于传统城市公共空间形态更为复杂多样，因此，设计者应通过空间形态数据进行多视角的公共空间设计。在设计初期要对多个、多种公共空间形态进行调研，得出数据，根据调研结果总结公共空间形态构成要素和相关指标对空间的影响。另一方面，空间作品的设计前提是以作品为桥梁的，展现人与空间的良好互动关系，在设计的背后要注重以人为本的设计原则。在设计过程中，注重人与空间、环境与空间、建筑与环境形态之间的关系是设计人员首先要考虑的重要因素。

根据不同公共空间类型，并结合使用功能的要求，公共空间环境设计的空间处理是必须关注的内容，这一内容在整体空间环境中起到了骨干的框架作用，确定着空间中各个相对独立的空间性质、空间类型和空间序列三种元素的关系，形成满足和适合使用需要的公共空间布局。总之，诸如此类的空间处理和布局规划是公共空间环境设计的首要任务，包括平面布置、人流动向及结构体系等，对此要进行深入的了解和分析，之后对空间界面进行统筹策划与空间组织，这是公共空间设计所必须完成的任务，如图3-2-6所示。

图3-2-6　郊外下沉式公共空间

　　除以上要素之外，还要充分考虑到点、线、面、体构成设计的基本要素，其中，点不是一个固定概念，在平面及空间设计中，可将所有元素视为点，但是点的形态各有不同。在几何学中，将点定义为没有长、宽、厚度，只有位置的几何图形。点的本质是一种体现动态张力的图形。在设计中可以起到一种稳定图式、造型的作用。在空间设计中，点会吸引参观者的视线，产生提示、强调的作用。分散形式的点可以活跃气氛、点缀空间，密集形式的点又可以衬托主体。

　　点元素在空间中，能增强视觉张力，凸显视觉上的心理感受，让参观者在寻找信息的同时，体验到视觉上的空间感。点元素在公共空间设计中以不同大小、色彩、形式等存在，面积、色彩、形状不同的点对于空间效果的影响也截然不同。点在空间中具有灵动性，在公共空间设计中，如果使用恰当，点会起到画龙点睛的作用。例如，华盛顿国立美术馆东馆大厅里的动感雕塑之所以令人注目，不仅因其形状奇特，色彩亮丽，还因其会随着气流缓缓移动，成为空间中的视觉中心，如3-2-7所示。

图3-2-7　华盛顿国立美术馆东馆大厅中的动感雕塑

　　"点"的外在形态多样，有独立的或重复的组合形式，有疏密变化，也有规律性和随意性分布的方式，每一个点都是一个元素；而对于内在，活跃其中的内在张力才是元素，空间环境里它会有不同的表现形式、不同的功能作用，给使用者不同的感受，如图3-2-8、图3-2-9所示。在空间设计中，"点"起着不可或缺的作用。在实际运用时，连续出现的点元素可保持空间的连续性。点亦可以明确功能，如指引标识等，还可以是纵向的群组方式，丰富空间层次，如图3-2-10所示。

　　"线"是点在移动中所留下的方向轨迹。从概念上讲，线应有长度，但没有宽度和深度。然而，线的长度与宽度和深度的关系，也不是绝对的。"线"是一个重要的基本要素，可以看成是"点"的轨迹、"面"的边界以及"体"的转折，如图3-2-11所示。

图3-2-8　点要素在空间里的表达

图3-2-9　连续的点要素在空间里的表达

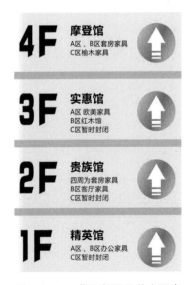

图3-2-10　指引标识里的点要素

图3-2-11　帕特农神庙

　　我们看到和感受到的线具有各种形态，既有长和短的线形、粗和细的线形，又包括水平线、垂直线、斜线，还有几何曲线、自由曲线等各种曲线的形态。直线与曲线相比较，显得比较单纯而明确。在空间构成上，直线的造型一般给人规整、简洁的感觉，富有现代气息，但由于过于简单、规整，又会使人感到缺乏人情味。当然，同是直线造型，由于线本身的比例、总体安排、材质、色彩等的不同仍会有很大差异。在尺度较小的情况下，线条可以清楚地表明面和体的轮廓和表面，这些线条体现在装饰材料之中或之间的结合处、门窗周围的装饰套、梁柱的结构网络等，如图3-2-12所示。

　　这些线的要素如何达到表面质感的效果，还要看这些要素的视觉分量、方向和间隔距离。粗短的线条比较强而有力，细长的线条则显得较为纤弱细腻，给人带来的感觉差异是显而易见的。曲线常给人带来与直线不同的各种联想。抛物线流畅悦目，富有速度感；螺旋线又具有升腾感和生长感；圆弧线规整、稳定，有向心的力量感。一般来说，在建筑空间中，曲线总是显得比直线更富有变化，更丰富和复杂。特别是当代人们长久地生活在充满直线条的室内环境中，如果有曲线来打破这种呆板的感觉，会使空间环境更具有亲切感和人性魅力。高迪设计的米拉之家可以算得上是个典型，如图3-2-13所示。即使没有条件创造曲面空间，仅通过曲线家具造型、曲线的墙面装饰、曲线的绿化水体等也都能不同程度地为空间环境带来变化。当然，曲线的运用要适可而止，恰到好处，繁简得当，否则会使人感到杂乱无序，有矫揉造作之媚态。

　　"面"是由"点""线"密集构成的，自然会有一定的体量。面的形状有直面和曲面两种。面是一个关键的基本要素，面可以看成是轨迹线的展开、围合体的界面。形态中的面要素除实面以外，由于视觉上的感受不同，又会形成虚面、线化的面和体化的面。虚面是相对于实面而言的，是指图形经过图底反转关系而形成的虚面的感觉。线化的面是指当面的长宽比值较悬殊时就形成了线的感觉。体化的面，由面围合或排列成体状就形成了体的感觉。

图3-2-12　中国国家大剧院

图3-2-13　米拉之家　高迪

　　由于体量关系，"面"在空间构成中的作用是显而易见的，在空间中用面的元素来划分空间区域是一个最便捷的方式，可以用不同的材料、配置、色彩来界定。空间的面，限定形式和空间的三维特征，每个面的属性（尺寸、形状、色彩、质感），以及这些要素之间的空间关系，将最终决定这些面限定的形式所具有的视觉特征以及这些要素所围合的空间的质量。

　　在公共空间设计中，最常见的面莫过于顶面、墙面和地面。顶面可以是房顶面，这是建筑对气候因素的首要保护条件，也可以是吊顶面，这是内部空间中的遮蔽或装饰构件。墙面则是视觉上限定空间和围合空间的最主要的要素，墙面可实可虚，或虚实结合，如图3-2-14所示。墙面是室内外环境构成的重要部分，不管用"加法"，还是"减法"进行处理，都是装饰艺术、陈设艺术及景观展现的背景和舞台，对控制环境的空间序列、创造空间形象具有十分重要的作用，如图3-2-15所示。地面与顶棚同样处于空间的水平位置，两者相互对应。人在步入空间前，会下意识地看看脚下的情况，因而，地面的空间导向作用最关键。同时，地面除了承载着人体本身，还承载着使用者所要使用的物体设备。地面也影响着空间尺度感受，如地面颜色较重时，给人空间高度增加的视觉感受，如图3-2-16所示。

图3-2-14　墙面的虚实结合

图3-2-15　墙面的序列表现

图3-2-16　地面在空间中的表现

三、空间与陈设艺术

公共空间的陈设艺术也可被称作配饰艺术，包含众多的内容，如家具设备的选择安置设计，软体织物的配置设计，室内植物绿化、水景、石景等景观装置，以及绘画、雕塑、工艺饰品等艺术品的展陈。

（一）家具陈设艺术

在公共空间陈设艺术发展的过程中，家具无论是体积还是形态花色，都是比较丰富的，与使用者有着最密切的触感关系，可见它的重要性。在公共空间环境设计中，家具的使用更多是选型、陈设设计，在特殊情况下，也需要设计师亲手设计。

无论是在公共空间还是居住空间，家具按照用途都可以分为实用性质家具和展陈性质家具两大类别。其中实用性质家具又分为三种，首先是坐卧型家具。它是直接接触和承载人体的家具，包括凳子、椅子、沙发、床等，沙发也具有划分空间的作用。其次是凭倚型家具。它是承托所需物体的家具，包括桌子、台子等，公共空间较多使用此种家具。最后是储物型家具。它包括柜类、橱、架等，其功能是储存物品，同时，储物型家具也具有分隔空间的作用。

展陈性质家具主要起到观赏性作用，包括各种材质的展陈柜、屏风等，一些展陈性质家具同时具备划分空间的作用。这一类家具在室内公共空间环境中也被较多使用，如图3-2-17所示。

图3-2-17　中式屏风

时代的发展对建筑空间和原材料的影响，使家具构造在传统工艺的基础上有了很大的改变和提高。传统的木质榫卯结构家具，早期做法是由实木立架与横梁经榫卯咬合而形成框架构造，框架内有芯板嵌入。这种家具构造与建筑的框架结构一致，受力部位也是完全一样的，都是框架承重，而芯板只起到封闭的作用。后期做法有所改进，榫卯工艺大大简化了难度，框架形成后，并不采用芯板嵌装的方式，而是用胶合面板整体将木龙骨内外包封，外部形态简洁，在卯头等部位做简单的装饰木线，如图3-2-18所示。木材的大量消耗及生活环境的变化改变了人们的思想，一批批复合板材应运而生，也逐渐被运用到家具生产上，新型的可拆装板材家具被广泛推荐使用。新型家具优点很多，解决了木材原材料匮乏的问题；可拆装工艺解决了搬运问题，新型锁扣式的连接工艺，降低了安装成本和安装难度；拼装简便，形态变化多样，自控性大大提高；家具样式和外在质感更加丰富。

图3-2-18 榫卯工艺结构

家具在室内空间中有其本身的使用功能，另外，也肩负着空间布局的责任。家具与空间相互作用，也就是说，家具的布局要视空间状况而定，而空间状况也影响着家具的布局。家具在空间的布局主要有功能性布局、规整性布局以及自由式布局三类。① 功能性布局，体现在一个空间单位会有不同性能和用途的家具，哪些家具适于主要功能，就将其确定为主要家具，其余为次要家具，从而形成功能性布局。例如，在会议室空间环境中，用于会议的桌椅就是主要家具，摆设在空间中重要的中心位置，这就是功能性布局，如图3-2-19所示。公共空间中的接待区域、办公区域的家具布局，也都带有明确的功能性质。② 规整性布局，例如在室内空间中，抛开功能性，家具布局呈现出工整性的对称式布局，显现出庄重而安定的布局关系，如图3-2-20所示。③ 自由式布局，在公共空间里经常见到，其特点是打破了对称式的呆板，有轻松活泼的空间气氛。这种方式要求散而不乱，相得益彰，有集中，有分散。目前，许多主题餐厅的餐位已经有了很大的变化，由以前的规整性布局变为自由性布局，充满欢快、轻松而富有情趣的氛围，如图3-2-21所示。

　　家具布局还可以完善空间中的盲区，如空间角落、家具间的空位。角几、茶几或花架之类的小体量家具是完善这些空位角落最好的选择，如图3-2-22所示。家具布局对空间功能区域的划分也有重要意义，如屏风就是最洁净的空间分隔设备。

　　家具与建筑都具有强烈的风格特色，如奢华气派、温婉秀丽、时尚个性、现代简约。在公共空间中，家具具有强调空间风格的本质作用，这是家具带给大众最大的精神财富。

图3-2-19　会议家具

图3-2-20　对称式沙发

图3-2-21　自由布局

图3-2-22　角几

（二）织物装饰艺术

在公共空间环境的陈设艺术中，装饰织物内容的体量是比较大的，几乎是空间风格最具代表性的元素，是空间内软硬对比关系的"软"，主要包括地毯、窗帘、床上用品、帷幔、靠垫等。其作用是补充和调剂室内空间色彩等方面的不足，其图案也是空间风格的配合与强调。

此处主要介绍织物运用的要点及窗帘与地毯的选择。首先，了解织物运用的要点。任何一种织物必然有其本身的功能作用，例如，沙发靠垫、沙发垫与人很贴近，人的触觉反应是首要的，然后才是视觉上的作用。因此，对于织物饰品，在合理选用材料质地的基础上，织物颜色和图案就成了运用的要点。其一，织物的颜色要慎重选用。织物本身有辅助协调空间色调的功能，选用颜色时，不可过多，否则会显得杂乱，使人烦躁。因此，织物颜色一定要与空间界面特别是墙面色彩协调，不可喧宾夺主。其二，织物的图案不可杂乱，也不能过于突出。过于突出的织物图案会对空间或家具的尺度产生很大影响。

其次，窗帘与地毯的选择，要充分考虑公共空间的功能所在。窗帘在空间中具有遮蔽干扰和调节室内光线的功能，也就是遮阳、避夜和保暖的功效，也有一些隔声的效果。同时，在装饰效果上，可以丰富空间的层次感与构图，增加艺术气氛。对窗帘的选择，要依据空间的使用功能和装饰风格来确定，大部分的公共空间所选用的形制多为木质、布料、合成材料、金属材料制作的百叶等类型，如图3-2-23所示。办公空间和会所空间所选用的窗帘形制通常会与居住空间的风格相接近，以各式平开的垂帘样式居多。地毯也是一种具有双重功能作用的织物。它柔软、富有弹性，因而有良好的触感，铺设地面也有保温的作用。其空间作用意义也是突出的，如果是局部铺设，有着强调空间区域或空间导示的作用。一般来说，地毯的图案选用更多的是依据家具形式的情况，总体上，不宜过于烦琐，避免不稳定的感觉。地毯颜色最好是偏灰的中性色，这样不会影响其他的空间色调，与空间整体色调相比较，选用颜色略深的地毯，符合人们上轻下重的审美习惯。

图3-2-23　百叶窗帘

（三）景点装饰艺术

景点是公共空间设计中一个不可忽略的部分，在室内设计的整体氛围下，往往需要对某一部位进行深入细致的景点设计，体现装饰层次。公共空间中景点设计一般有两种情况，一是作为主题强调而刻意制造的空间气氛，一些大空间最为适宜。如商业购物空间的场景开阔，商品内容类型繁多，因此，如果将景点的设计纳入其中，就可以作为标记，帮助人们寻址。二是景点可以起到"补角"的作用。空间中的转折部位最容易出现死角，在无从放置合适物体时，可根据需要设计景点进行补充，如图3-2-24所示。

图3-2-24 "补角"景点

四、空间与导视系统设计要素

（一）公共空间导视系统与空间的关系

在公共空间设计中，公园、机场、车站等公共场所人流量巨大、活动范围有限，针对这些特殊的情况，导视系统就需要特定的设计手段和形式。公园是活动面积比较宽阔的公共场所，其导视系统设计对象主要是出入口和各个休息地点的指示标识，尽量做到标识设计与公共场所之间保持一种相互平衡的关系；机场的导视系统设计尤为重要，该空间需要完整的人性化导视系统，机场人流量大、功能区域众多、活动范围广等特点，就决定了公共导视系统对机场的重要性，如图3-2-25所示；车站的占地面积是三者中最小的，这就要求导视系统的设计清晰、明确、简捷，标识、颜色、招牌等都要在有限的时间和空间内发挥传递信息的重要作用。在不妨碍公共场所过多空间的前提下，公共的导视系统与空间的关系应该是有主次之分的，而空间是设计的主体，导视系统只是空间设计的辅助。

图3-2-25　机场导视系统

（二）城市空间导视系统

　　城市化已经是人类社会发展中最突出的变化之一。随着城市化程度的不断加深，城市秩序的规范势在必行。城市不同功能区域的建设无论对于当地居民还是游客而言，都离不开基本导视信息的指引，如图3-2-26、图3-2-27所示。现代的社会机构已逐渐形成比较完备的服务体系，城市街区导视系统可以说是整个社会最基础，也是最重要的信息系统，它是一个城市实现基本运作的根本。快捷、便利、清晰、准确，是城市街区导视系统的基本特点。在"以人为本"的前提下，城市导视系统更应在社会运作中体现出其特点。

图3-2-26　上海某地城市空间导视系统

图3-2-27　夏洛特市的城市导视系统

（三）商业环境导视系统

在商业环境中，最初的标识只是在道路两边的树干或墙上固定一些简单的箭头标识，指导行人所处位置及行走方向。随着商业的发展，用于招徕顾客的"商业标识"也逐渐兴盛起来，从最初的叫卖和悬挂实物等比较初级的形式演变出了实物模型、旗幌、牌匾等形式，如图3-2-28所示。城市的聚集发展带动了商业街区密度的增长，随着商业街区的大规模开发，商业业态多元化和街区功能复杂化的增长，环境标识逐步由初期简单的箭头指向，朝着功能性和装饰性方向发展。

图3-2-28　商业区导视装置

有调查表明，行人在步行空间中更愿意借助标识系统来寻找目的地。作为最直接的"空间媒介"，商业标识可以提取出人们需要的空间环境的相关信息，并组织成易于被人们理解和接受的形式，帮助人们更好地感知商业街区的空间。良好的标识系统有利于改善步行交通环境，降低人的步行速度，延长步行者的停留时间，增强商业空间活力，提高商业店铺的销售业绩。在商业动线的打造中，标识系统起至关重要的作用，可以让消费者在购物过程中尽可能经过更多的有效区域，降低其在购物过程中的体力消耗，将购物兴致、新鲜感、兴奋感保持在较高水平。

五、空间限定要素

（一）水平要素

在公共空间中，水平要素常以面或线面的形式来体现，但主要还是以面为基本特征。为了使一个水平的面可以被当作一个图形，可以在水平面的表面上，在色彩或质感上赋予面可以感知的变化。这样，水平的面界限就越清晰，面所划定的范围就会表示得更明确。顶面水平要素的变化和墙面的垂直要素具有强烈的方向性，界限内的空间领域感就显得愈加强烈，虽然在这个已经限定的领域里人们的视觉是可以流动的。因此，在公共空间中常常用对基面的明确表达，使之划定出一个空间领域，以表示明确的功能分区，如图3-2-29所示。

图3-2-29 水平要素的表达

基面抬起这种空间限定手法很常见。抬高基面的局部，将在大空间范围内创造一个空间领域，沿着抬高面边缘的高度变化，限定出这一领域的界限。人们在这个小领域内的视觉感受，将随着抬起面的高度变化而变化，如果将边缘用形、色彩或材质加以变化，那么，这个领域就具有多种多样的性格和特色了，如图3-2-30所示。抬高的空间领域与周围环境之间的空间和视觉连续的程度，是依赖抬高的尺度变化而维系的。一般存在下列几种可能性：一是抬起高度只相当于几个踏步高，这时范围的边缘虽然得到良好的限定，但视觉及空间的连续性仍然不受影响，继续得到维持，在感觉上也较易被人们接近。二是当抬起高度稍低于正常人的高度时，某些视觉的连续性尚可以得到维持，但空间的连续性就被中断了，人们进出要借助于楼梯或高踏步。三是当抬起高度超过了正常人的高度许多时，无论是视觉上还是空间的连续性都被中断了，所抬高的面对于下面的空间来说完全变成了顶面要素，这时一个空间夹层便应运而生了。一般认为，抬起的面所限定的领域，如果其位置居于空间的中心或轴线上，则容易在视觉上形成焦点，受人瞩目。现在一些娱乐空间的舞台就常采用这种做法。

基面下沉也可以明确一个空间范围，这个范围的界限，可以用下沉的垂直表面来限定。这些界限与面抬起的情况不大一样，不是靠心理暗示形成的，而是有可见的边缘，并形成这个空间领域的"墙"，如图3-2-31所示。实际上，基面下沉与基面抬起也是"形"与"底"的相互转换。若基面下沉的位置沿着空间的周边地带，那么，中间地带就成了相对的"基面抬起"。

基面下沉的范围和周围地带之间的空间连续程度，取决于高度（也可称为深度）变化的尺度。增加下沉范围的深度，可以削弱该领域与周围空间之间的视觉关系，并加强该领域作为一个不同空间体积的明确性。一旦下沉到使原来的基面高出人们的视平面时，下沉范围实际上本身就变成了一个独立的空间。综合上述两种基面处理方法，我们可以有一个基本理解：一个抬起的空间，可以表现该空间领域的外向性或重要性；而在下沉于周围环境的特定空间里，则暗示着空间的内向性或私密感。

图3-2-30　基面抬起

图3-2-31　基面下沉

（二）垂直要素

对于水平面所限定的空间范围，其垂直边缘是暗示性的，主要是通过垂直的形式要素从视觉上建立起一个空间的垂直界限的垂直形体，在我们的视觉范围内通常比水平的面更为活跃。因此，垂直的形体是限定空间体积以及人们营造强烈的围合感的一种手法。垂直要素可以用来起承重作用，还可以控制室内外空间环境之间的视觉及空间的连续性，同时还有助于约束室内空间的气流、采光和音响，等等。

垂直的线要素，最易理解的就如一根柱子在地面上确定一个点，在空间中令人注目。若是一根独立的柱子，这根柱子是没有方向性的，但两根柱子就可以限定一个面。一根柱子会明确围绕这根柱子的空间，并且与空间的围护物相互影响。柱子本身可以依附于墙面，以表明墙的表面，柱子也可以强化一个空间的转角部位，并且减弱墙面相交的感觉，柱子在空间中独立，可以限定出空间中各局部空间地带。若柱子位于空间的中心，柱子本身将确立为空间的中心，并且在柱子本身和周围墙面之间划定相等的空间地带。若柱子偏离中心的位置，将划定不等的空间地带，其尺寸、形式和位置都会有所不同。没有转角和边界的限定，就没有空间的体积。而线要素就可以用于该目的，去限定一种在环境中要求有视觉和空间连续性的空间，两根柱子限定出一个"虚的面"。三根或更多的柱子，则限定出空间体积的角，这个空间界限保持着与更大范围空间的自由联系。有时空间体积的边缘，可以在柱间设立装饰梁，或用一个顶面的方法来建立上部的界限，从而使空间体积的边缘在视觉上得到加强。这种办法的运用在实际设计中也很常见，有些大空间中设置的装饰构架"亭子"，就是这种手法的另一种表现形式。

　　垂直线要素可以用来终结一个轴线，标出一个空间的中心点，或者为沿其边缘的空间提供一个视觉焦点，成为一个象征性的要素。柱子形成的垂直线要素，强化了空间体积的边缘。还以柱子为例，一排列柱或一个柱廊，可以限定空间体积的边缘，同时又可以使空间及周围之间具有视觉和空间的连续性，列柱与柱廊也可以依附于墙面，形成壁柱，表达出其表面的形式、韵律和比例。作为垂直线要素的柱子，加强了空间的视觉感受，大空间的柱网能建立一种固定的、中性的（交通要素除外）空间领域。在这里面，内部空间可以自由分隔和划分，如图3-2-32所示。

　　垂直面要素以独立的垂直面为例，垂直面单独直立在空间中，其视觉特点与独立柱截然不同。可以把垂直面当作无限大或无限长的面的一部分，是穿越和分隔空间体积的一个区域。

　　单一垂直面的两个表面，可以完全不同。面临着两个相似的空间，或者垂直面的两个表面在形式、色彩和质感上不同，以适应或表达不同的空间条件。最常见的是室内的固定屏风，或如同四合院入口处的照壁，既能使空间有一个过渡，又能使屏风具有装饰性，成为空间的焦点或观赏特征。单一垂直面并不能完成限定其所面临空间范围的任务，只能形成空间的一个边缘。为了限定一个空间体积，单一垂直面必须与其他的形式要素相互起作用。这就牵涉到面自身的比例、尺度、空间及其他形式要素的关系。同时，单一垂直面的高度影响面从视觉上表现空间的能力。面的高低，对空间领域的围护感起着很大作用，同时，面的表面色彩、质感和图案将影响我们对面的视觉分量、比例和量度的感知。但垂直面要素不见得只是独立的，还有一些其他形式，如L形垂直面、平行的垂直面、U形垂直面、"口"形垂直面，如图3-2-33所示。

　　L形垂直面在室内空间中运用得不多。如果把L形转角沙发的靠背算作垂直面，那么这类垂直面用在空间中就算是很常见了。有时再加上茶几，特别是地毯，使其区域感显得更加强烈。

图3-2-32　垂直柱网结构

平行的垂直面限定出的范围，能给空间一种强烈的方向感和外向性。有时通过对基面的处理，或者增加顶部要素的方法，从视觉上使空间得到加强。一些公共建筑的室内走廊在这方面体现得就很突出。但如果两个平行面相互之间在形式、色彩或质感上有所变化，那么就会使空间的限定产生视觉上的干扰和分散，轴线感会被冲淡，空间感也会受到冲击。这方面，江南园林的沿墙回廊就很能说明问题。因此，限定一个交通空间的平行垂直面，可以是实的、不透明的，也可以由一面或两面都散开的列柱、玻璃形成。这样，通道就变成了整体空间的一部分。

U形垂直面，其开敞的一端是该造型的基本特征。因为相对于其他三个面而言，其开敞端具有独特的有利方位，允许该范围与相邻空间保持视觉上和时间上的连续性。若把基面延伸出该造型的开敞端，就可以在视觉上加强这个空间范围进入相邻空间的感觉，室内空间内部构件要素和组合可以呈U形造型，以限定和围起一个区域空间，形成一种内向的组合，如图3-2-34所示。该造型的转角处，可以被明确表达为独立的要素，常见的酒店大堂休息区，暂且把由沙发围合的U形区域作为垂直要素。虽然矮了一些，但该U形区域的两个转角处有时以台灯或花木点缀成为独立的要素，起着烘托气氛的作用。室内空间的U形围护物，由于朝着开敞的一端具有明确的方向性，并且在尺度上存在较大的变化，因此，这种造型常以凹入空间或墙的壁龛等来具体表现。

"口"形垂直面，由四个垂直面围合而成，界定出一个明确而完整的空间范围。同时，也使内部空间与外部空间相互分隔开来。这也是最典型的建筑空间限定方式，当然，也是限定作用最强的一种方式。

图3-2-33　U形垂直面

图3-2-34　U形围合空间

第四章　公共空间室内设计的设计流程

第一节　思维方式

思维方式体现于各个领域，包括制度文化、民族文化、行为文化、物质文化、精神文化等，特别是哲学、美学、文学、艺术等，经常运用在日常生活中。

设计思维是以人为中心、以需求为中心的方法论，是对于解决那些定义不清或未知的复杂问题特别有用的一系列过程，而这些又与创新最为相关。它是产品设计师和用户之间高度协作的过程。设计思维以人为中心，最终目标是打造基于真实用户的思考、感觉和行为的产品。

一、头脑风暴法

头脑风暴，是一种为激发创造力，强化思考力而设计出来的方法。此法是美国BBDO广告公司创始人亚历克斯·奥斯本（A.F. Osborn）于1938年首创的，提倡用人类的智慧去影响问题。头脑风暴可以由一个人或一组人进行。参与者围在一起，随意将脑中和研讨主题有关的见解提出来，然后再将大家的见解重新分类整理，从而产生很多的新观点和问题解决方法。在整个过程中，无论提出的意见和见解多么可笑、荒谬，其他人都不得打断和批评。采用头脑风暴的具体方法如下。

选定一个主持人：利用白板、黑板或者一张大空白纸，主持人在上面写下全部人的创意。主持人可以将每个人的创意进行分类排列。尽管主持人是这次头脑风暴过程的主导者，但是他不一定是项目负责人，任何有耐心、有激情的人都能胜任这个工作。

界定主题：专注在具体的主题上可以让头脑风暴更有效地进行。例如，主题"为厨房设计新产品"是模糊的，而"人在厨房会遇到的问题"则更能激发参与者去思考他们每天在厨房中会遇到的麻烦。可以把主题打散后再对各个分支继续深入，例如做饭、清洁、收纳等话题。

穷尽：把全部东西都写下来。团队中的每个人都应该无拘无束，主持人应将团队成员提出的全部内容都写下来，不审查对错。出其不意的创意往往给人的第一印象是很无厘头的。特别要注意的是，尽管有些想法很无聊、很相似也要写下来，这有助于清空成员脑中的想法，从而萌生新创意。接着把各个想法简单连线，看看会迸发出什么新奇的东西。

设置时间：人在有时间限制下的状态会更有创造力。设置一定时长可以让成员心里有个衡量标准和目标，有激发作用。

跟踪：最后把创意分类和任务分配给各个成员，复盘和继续某个方向的深入调研，如图4-1-1所示。在这里复盘是非常重要的一步，因为头脑风暴会议后之前讨论的许多内容就会忘记，很多细小的创意就这样流失掉了，是非常可惜的。

图4-1-1　头脑风暴

二、关联法

关联法由怀汀（Whiting）于1958年所创，是指对事物对象、特征以及联想等概念、语意组成的相互联系的链进行组合以获得更多新构想的方法。如：鞋+轮子=轮滑鞋，水桶+垃圾=垃圾桶，蜘蛛网+互联网符号=新的互联符号。这种强制关联是在两个不相干的事物中间找到连接点，如花—花形—镂花椅子（图4-1-2），花—花香—有香味的椅子，花—花色—印花的椅子，足球—世界杯—中国队—中国人—龙的传人。客观事物之间的联系复杂多样，具有各种不同联系的事物反映在人的思维中，会形成各种不同的联想（图4-1-3）。好的构想都会遇到两种情形：问题的状况和某些情况似乎毫无关联或者只有一些间接的关联存在。

图4-1-2　花形与椅子关联

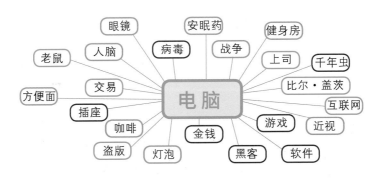

图4-1-3 关联法思维方式

非关联法在设计中包含两个阶段：第一，熟悉陌生的事物；第二，疏远熟悉的事物。第一阶段可以看作是对问题的界定阶段，设计者要熟悉问题的情况，然后从各个可能的角度对问题进行考虑。随后是"疏离阶段"。设计师的创造性思维受到了阻碍，是因为他现在对问题的各个方面都有了一定程度的了解。Grodon（1961年）曾说明这种疏离作用的四种机制：

拟人类比：问题解决者借着类比方式，将自己想成是问题的一个部分；

直接类比：问题解决者由其他应用领域或其他情况追求原有问题的类比问题；

象征类比：问题解决者以象征方式描写问题，例如以格言或图像表征描述问题；

幻想类比：问题解决者想象理想的解决方式，例如幻想把理想条件作为思维的源泉。

三、替代法

替代法就是将设计进行要素分解，通过比较和分析，把主要的要素提取出来进行替代方案的思考与联想，从而形成新思路。常用的替代设计有以下几种。

材料替代：设计中常用的基本材料有金属、塑料、木材、陶瓷等。当其中一种材料被其他材料替代时，会对设计提出新的要求。比如，原本用木头制作的桌椅，为了节约天然材料，想用塑料来代替，那么就必须按照塑料材料的特性和工艺要求来设计。材料替代的目的往往是不同的。例如，用塑料代替木材的目的可能是为了保护环境，或提高生产能力和标准。

零部件替代：在模块化设计中常存在零部件的替代问题，但这里的替代不是系列产品的转换而是出于性能改良或工艺优化的目的，用其他产品的零部件或重新设计的零部件对原产品进行替换，使之在功能上更趋优化。

方法替代：用新的方法代替老的方法，以达到既定功能或其他的目标。不论是出于何种理由采取替代的方法，最终的结果都是为了优化实现功能的过程。

技术替代：同样的功能，用不同的技术手段去实现，会产生不同的结果。用先进的技术手段替代落后生产方式的目的，往往是为了提高品质、降低成本，这是不可避免的，而新技术的替代必然影响设计，可以说技术替代也是设计方法的替代，当然在替代时还是有一定原则的。首先，首选方案和备选方案之间应该有高度的相似性。只有在有相似性的情况下才能进行替换。其次，有广泛的选择手段来达到目的。最后，巧妙结合现有条件。新产品应该有新功能，因此，在选择可选对象的时候，应该超越眼前，关注一些高层次的东西。

接下来看两个设计案例。

案例一：土壤餐厅。以"土壤"建成餐厅墙壁绝对是非一般的设计，建筑师用精湛的技艺将日本传统水泥技术与现代设计元素相结合。首先，工匠将一块块多胺塑料不规则地排列在抹灰墙面上，然后在墙面上添加一层不超过0.5毫米厚的混合了禾草和海藻黏胶的薄土。土墙质地细腻，墙与墙之间有微弱的线条，能让光线穿透墙壁，亦令餐厅在观感上可以随着日夜交替及大气变化而产生变化（图4-1-4）。

图4-1-4　土壤餐厅（小川博央）

案例二：琉璃工房。古称玻璃为琉璃，中国玻璃艺术历史悠久，琉璃工房矢志将中国玻璃艺术再次发扬光大。琉璃工房开业于1987年，当时只是家小小的琉璃工作室。今天，作为全球玻璃艺术的翘楚。玻璃工房将玻璃工艺的意念伸延，在上海新天地开设了一家名为TMSK的餐厅，将玻璃文化与餐饮艺术合二为一。餐厅各处均饰以玻璃，装潢极具中国古典神韵，却又处处洋溢着时代气息。在这个五彩的玻璃世界内品尝美酒佳肴，让人难忘。玻璃已成为我们熟悉的名字，愈来愈多的人以琉璃作为礼物赠送亲朋。玻璃工房结合传统和时尚，把艺术与美学注入日常生活中（图4-1-5、图4-1-6）。

图4-1-5　上海琉璃艺术博物馆

图4-1-6　上海TMSK餐厅

第二节 设计准备阶段

设计准备阶段主要是接受委托任务书，签订合同或者根据标书要求参加投标；明确设计任务和要求，如设计任务的使用性质、功能、规模、等级标准、总造价以及使用性质所需创造的环境氛围、文化内涵或艺术风格；明确设计期限并制订设计计划进度安排，考虑各有关工种的配合与协调；熟悉设计有关的规范和定额标准，收集分析必要的资料和信息，包括对现场的调查勘探以及对同类型实例的参观等。

这个阶段需要为以后的设计和施工工作能有条不紊地展开而进行各方面的准备。为了保障建设单位或个人与设计单位及其设计师的双方利益，需要就委托设计的工程性质、设计内容和范围、设计师的任务职责、图纸提交期限、业主所应支付的酬金、付款方式和期限等以合同条文的形式加以约定。双方签字后就成为规范和约束各方行为的具有法律效力的文件。如果设计项目属于较大投资时，会先以设计招投标的方式出现，只有经过初步设计方案竞标后中标的单位，才能与业主签署委托设计合同。

不论是不是设计招投标项目，在着手进行初步方案设计前，都应该有明确的设计任务书，明确设计范围和内容、投资规模、空间环境的使用人群、主要的功能空间需求、建筑内部空间现状与未来使用情况之间的矛盾点等。有时业主在委托设计时并不十分清楚他对室内空间的功能需求，或者不确定室内风格的偏好。如果是这样，设计师就应和业主进行良好的沟通，加上以自己的专业知识为背景的判断，帮助业主一起回答一系列有关设计定位的问题，从而拟定一份设计任务书。实质上，设计任务书的制订过程就是使业主和设计师明确设计目的、要求，在问题与限制条件及相应的解决方案上基本达成共识的过程。

一、现场勘察

虽然在大多数情况下，业主会提供给设计师相应的建筑及配套工种的原始图纸，但现场的勘察复核仍是不可省略的。通过现场的实地勘察，设计师可以有更直接的空间感，也可以通过测绘和摄影记录下一些关键部位的实际尺寸和空间关系。有时，特别是一些住宅类室内设计的业主只能提供给设计师没有尺寸的房型图，于是现场测绘也就成为设计师获得精确空间尺寸的唯一途径。这些现场资料和数据将成为设计师下一步开展设计工作的重要依据。设计师应运用专业知识理性分析这些收集来的有关设计外部条件的数据，找出存在的问题或矛盾，以及相应的解决问题的方向。

环境空间条件是客观存在的影响设计的外因，而使用者的人为因素也是必须在设计前期进行深入研究的，因为室内设计的目的是"为人提供安全、美观、舒适、有较好使用功能的内部空间"。研究内容应包括空间主要使用人群的年龄、职业特征、文化修养、价值观、对私密性的要求、对颜色和装饰风格的喜好、使用空间的行为模式等。设计师可以通过问卷调查、实地观察、面对面交流沟通等方式获得信息，并整理汇编成文件资料，作为设计的另一项重要依据。

二、采访用户

详细调查用户的使用要求，并对其进行分析和评价，明确工程性质、规模、使用特点、投资标准，以及对于设计的时间要求。这就要求设计者要与用户通过讨论的方式进行交流并提出建议，听取用户对这些建议的意见。对于功能性较强的复杂项目，可能还要听取众多相关人员（包括相似空间的使用者）的意见，掌握各方面的事实数据和标准。用户所能提供的信息有时很具体，有时也很抽象，设计人员应通过多种方式尽可能多地了解他们的要求和想法。

三、收集资料

了解、熟悉与项目设计有关的设计规范和标准，收集、分析相关的资料和信息（尤其是功能性较强、性质较为特殊或不是很熟悉的空间），包括查阅同类型竣工工程的介绍和评论、所需材料、设备数据，以及对现有同类型工程实例进行参观和评价等，在有限的时间内尽可能多地熟悉、掌握有关信息，获得灵感和启发。

第三节　方案设计阶段

一、初步方案设计

经过设计前期阶段的工作，设计师应该对设计目的和要求有了较为清晰的认识。从问题的产生、概念的调整到视觉的呈现，是一个动态的实践过程。概念发展过程中的动态对比，即概念可视化的实践过程。为了满足人们的需要，设计师除了形成问题的概念外，最终还会通过形态的解释辩证地阐释自己的观点。只有通过具体的表现才能审视人、物、环境之间的关系。

在艺术设计中，灵感往往表现为大脑中模糊闪烁的图像。在现实中，很少有人能长期保持这种状态。思维速写要把握一个"快"字，结合图像的特点把对构思立意、各种理性分析、功能组织、空间布局、艺术表现风格等的思考表达出来。这一阶段应尽量少考虑条条框框的限制，尽量多地提出各种方案，这样才可能通过充分筛选而获得最佳的选择，如图4-3-1所示。

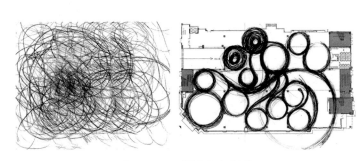

图4-3-1　设计方案草图

（一）创建功能关系图

方案设计的前期并非开始设计方案而是创建功能关系图，这也是一个项目初步设计的第一步。功能关系图用于帮助设计师消化并吸收规划信息，有助于使设计师用图解表达项目的抽象特性。功能关系图的表现有多种类型。当这些图合并并说明必要的需求和所有相邻的功能空间时，它们可以进一步转换为更直观的气泡图。气泡图反映了建筑空间的接近程度，每个气泡都与路径相连，表示了空间的交通流量。气泡图通常需要结合几种不同的图表分析来产生想要的结果（图4-3-2）。

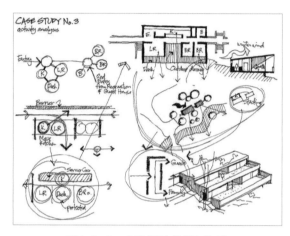

图4-3-2　方案设计前期气泡图

（二）绘制草图

一系列的草图是从空间研究开始的，是将空间每一部分的面积或者功能分区按比例绘制成平面草图，然后配备家具、陈设及设施。空间研究草图也用于研究空间的组合以及界面的关系，并在系统配备的设计中具有一定的参考价值。空间研究草图、气泡图及草图可以作为设计平面图的依据（图4-3-3）。

草图是设计师的平面语言，是用形象的形式表达设计师的意图和思想，是用来反映、传达和传递设计思想的符号载体，具有自由、快速、概括、简洁的特点（图4-3-4）。草图阶段包括以下工作：收集与设计问题相关的各种数据和信息（如场地要求、风俗习惯）；分析这些资料和信息，以获得对设计问题的了解（如关系、层次、需要）；提出解决问题的办法（如文字叙述、方案草图）。

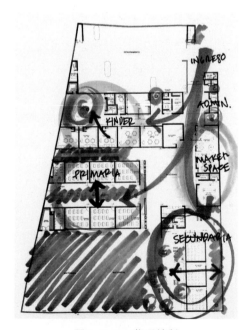

图4-3-3　草图绘制

图4-3-4 方案草图

（三）通过载体传达设计思想

设计师需要用各种语言技巧来表达自己的思想情感，通过某种媒介将设计思想传达给他人。手绘效果图、模型制作、虚拟现实可将无形的创意转化为可感知的视觉形象。

1. 手绘效果图

首先，手绘效果图具有艺术性，可以根据自己的主观想象，对作品进行夸张或刻意概括简化，运用绘画的特殊技巧，使效果更加突出。其次，手绘效果图具有概念性。手绘效果图展示的是一种理念，是创作者内心设计理念的外在表达，是对设计作品形式、色彩、比例、大小、光影的综合表达。最后，手绘效果图具有说明性，忠实地表现设计的造型、结构、色彩、工艺，让设计者与观者在视觉上进行沟通交流。一幅好的手绘效果图应是设计师设计能力与绘画技能的结晶，也是其综合艺术修养的体现。虽然手绘效果图的方法与风格是多种多样的，但有些基础能力是共通的、必备的，比如，透视与构图能力、素描与速写能力、对色彩知识和工程知识的掌握能力（图4-3-5）。

图4-3-5 手绘效果图对色彩、材质的表达

2. 模型制作

设计师应该能够在真实空间的条件下，针对不同的建筑、环境对相应的空间进行设计。在设计模型时，分析其结构、功能、形式等方面的要素，选择合适的制作材料和相应的加工工艺，用最合适的方式制作最合适的仿真模型，最好地表达其设计意图。模型的作用包括：① 说明性，以三维的形体来表现设计意图与形态，是模型的基本功能；② 启发性，在模型制作过程中以真实的形态、尺寸和比例来达到推敲设计和启发新构想的目的，成为设计人员不断改进设计的有力依据；③ 可触性，以合理的人机工程学参数为基础，探求感官的回馈、反应，进而寻求合理化的形态；④ 表现性，以具体的三维实体、详细的尺寸和比例、真实的色彩和材质，从视觉、触觉上充分满足形体的形态表达，反映形体与环境关系的作用，使人感受到真实性，从而使设计者与用户加深对空间意义的理解进行更好的沟通。空间室内模型是为了让用户直观地了解房间内部的空间环境、所处位置、间隔、门窗与装修情况而设计制作的形式（图4-3-6）。

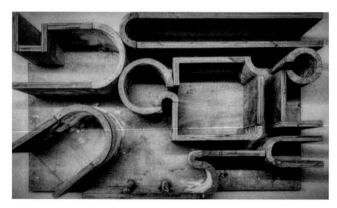

图4-3-6　模型制作

3. 虚拟现实

虚拟现实技术是20世纪兴起的一门新的综合性信息技术，是虚拟和现实相互结合。从理论上来讲，虚拟现实技术是一种可以创建和体验虚拟世界的计算机仿真系统，它利用计算机生成一种模拟环境，使用户沉浸到该环境中。因为这些现象不是我们直接看到的，而是通过计算机技术模拟的真实世界，所以被称为虚拟现实。虚拟现实具有以下一些特征。

沉浸性。沉浸性是虚拟现实技术的主要特点，是让用户感觉自己是计算机系统所创造环境中的一部分。虚拟现实技术的沉浸性取决于用户的感知系统，当用户感知到虚拟世界的刺激时，如触觉、味觉、嗅觉、运动感知，便会产生共鸣，造成心理沉浸进入真实世界。

交互性。交互性是指用户在模拟环境中物体的可操作程度，以及用户从环境中得到反馈的自然程度。当用户进入虚拟空间时，相应的技术使用户能够与环境进行交互。当用户进行一定的操作时，周围的环境也会做出一定的反应。如果用户在虚拟空间中触摸一个物体，它应该被用户感受到。如果用户移动了对象，对象的位置和状态也会发生变化。

多感知性。多感知性表示计算机技术应该拥有很多感知方式，比如听觉、触觉、嗅觉。理想的虚拟现实技术应该具有一切人所具有的感知功能。由于相关技术，特别是传感技术的限制，目前大多数虚拟现实技术所具有的感知功能仅限于视觉、听觉、触觉、运动等几种。

构想性。构想性也称想象性，使用者在虚拟空间中，可以与周围物体进行互动，可以拓宽认知范围，创造客观世界不存在的场景或不可能发生的环境。构想可以理解为使用者进入虚拟空间，根据自己的感觉与认知能力吸收知识，发散拓宽思维，创立新的概念和环境。

自主性。自主性是指虚拟环境中物体依据物理定律动作的程度。如当受到力的推动时，物体会向力的方向移动，或翻倒，或从桌面落到地面。

在虚拟现实技术平台中，设计者面对的是可视化的数字信息。在产品开发的整个过程中，设计师和其他参与者在同一个三维数字模型上进行设计、评估和改进。信息准确、完整，具有很好的概括性。这种通用性不仅体现在产品设计上，还贯穿于设计、开发、制造、销售、服务等过程，可实现新产品开发过程的集成，使并行工程得以充分体现和实施（图4-3-7）。

图4-3-7　沉浸式设计表达

二、深入设计阶段

项目的深入设计包括空间的最终布局及其各个方面。在这个设计阶段，应进一步对有助于设计的资料和信息进行收集、分析和研究，在此基础上修改、优化、深化方案。编制更为详细的文本，包括设计构思和立意说明、设计说明、主要装修用材和家具设备表、室内门窗表、平面布置图、顶面图、立面展开图、重要的装饰构造详图和大样、彩色效果图等。同时，应与结构、暖通、给排水、电气等配套工种设计师进行协调，解决好设备系统选型、管线综合等问题，设备对空间的要求应给予最合理的解决方案，并通过配套专业以扩大初步设计图纸的形式呈现出来。设计团队必须对空间的各个方面进行研究和完善，以保证项目设计的成功，并能够顺利转化为施工图，因为通常在深入设计结束后需将工作从设计团队移交给施工图团队（图4-3-8、图4-3-9）。

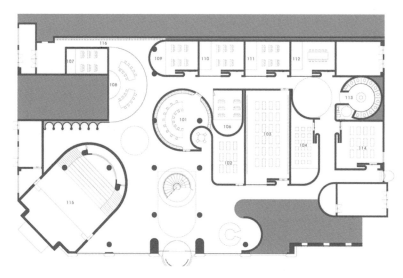

图4-3-8　方案设计平面图

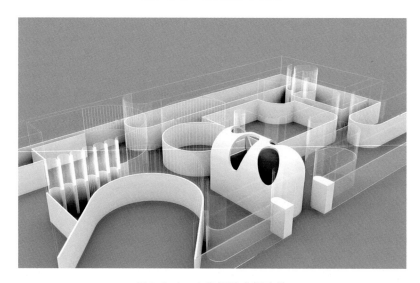

图4-3-9　方案设计空间建模

三、施工图设计阶段

　　方案确定后就可进入施工图设计阶段，以便向承包者、施工人员作进一步解释，供工程中涉及的其他专业人员交流参考（图4-3-10）。室内设计师与他们充分、密切地沟通与协作，是保证方案设计工作成功的关键。

　　施工图的制作必须严格遵循国家标准的制图规范，所作图纸除了包括详细楼层平面图、顶棚平面图、详细立面图、剖面图及细部大样图外，图纸不能完全表达的细部构造、技术细节等还要用文字补充说明。通过正投影法制图，可准确再现空间界面尺度和比例关系，以及相关材料与做法。与之配套的还要有水、暖、电、空调、消防等设备管线图。同时，还要给用户提供预算明细表以及各个项目完成的时间进度表。

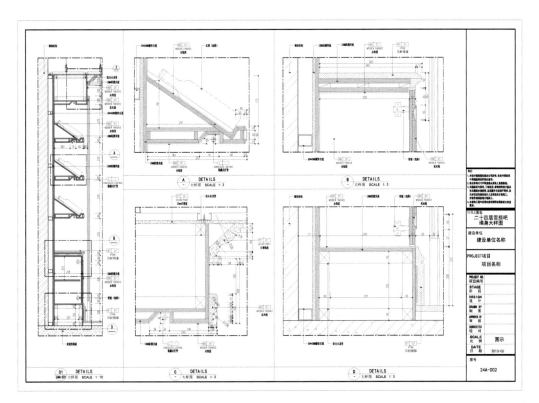

图4-3-10 施工图设计阶段

四、方案实施阶段

设计实施阶段也就是工程的施工阶段。室内工程在施工前,设计人员应向施工单位进行设计意图说明及图纸的技术交底;工程施工期间需按图纸要求核对施工实况,有时还需根据现场实况对图纸局部提出修改或补充(由设计单位出具修改通知书);施工结束时,会同质检部门和建设单位进行工程验收。

为了使设计取得预期效果,室内设计人员必须抓好设计各阶段的环节,充分重视设计、施工、材料、设备等各个方面,并熟悉、重视与原建筑物的建筑设计、设施(风、水、电等设备工程)设计的衔接,同时还须协调好与建设单位和施工单位之间的相互关系,在设计意图和构思方面取得沟通与共识,以期取得理想的设计工程成果。

五、方案竣工阶段

施工单位完成了施工作业,需要经过竣工验收,合格后才能把场地移交给业主使用。竣工验收环节,设计师也是必须参加的,既要对施工单位的施工质量进行客观评价,也应对自身的设计质量做一个客观评估。设计质量评估是为了确定设计效果是否满足使用者的需求,一般应在竣工交付使用后六个月、一年甚至两年时，分四次对用户满意度和用户对环境的适应度进行追踪测评。由此可以给改进方案提供依据，也能为未来的项目设计积累专业知识。另外，设计师应在工程竣工验收合格、交付使用时，向使用者介绍有关日常维护和管理的注意事项，以增加建成环境的保新度和使用年限。

六、方案评估阶段

方案评估目前作为一个比较新的观念逐渐受到重视。它是在工程交付使用后的合理时间内由用户配合对工程通过问卷或口头表达等方式进行的连续评估，其目的在于了解工程是否达到预期的设计意图，以及用户对该工程的满意程度，是对工程进行的总结评价。很多设计方面的问题在用户使用后才能够得以发现。这一过程不仅有利于用户和工程本身，同时也利于设计师为未来的设计和施工增加、积累经验或改进工作方法。

第五章 典型公共空间室内设计

第一节 酒店空间室内设计

一、酒店空间室内设计概述

酒店，或叫旅馆、宾馆、饭店、客栈、度假村等，是在一段时间内，向人们提供食宿及相关服务的综合性公共场所，是在承担城市部分社会功能的同时，还可通过提供客房、餐饮、娱乐、商务中心、宴会、会议及其他综合服务，获得盈利目的的商业场所。

现代酒店的功能早已超越了传统旅店的功能，社会的发展和科技的不断进步使得酒店的服务更加完善，更加具有针对性。研究社会不同的消费人群，确立消费目标和市场经营目标，并根据目标需要来思考酒店的投资、建设规模以及等级定位，这使得现代酒店的经营始终朝着各具特色的方向发展。

（一）酒店的分类

为了满足各类旅客的需要和酒店盈利的需要，出现了各种各样的奇特新颖的酒店，酒店的分类一般是根据酒店的等级与规模大小、服务性质、经营方式等不同情况来分类。划分在同一类别的酒店虽有共性，也有许多不同之处。

1. 酒店的等级与规模

酒店的星级是按其建筑、装潢、设备、设施条件和维修保养状况，管理水平和服务质量的高低，服务项目的多少，进行全面考察，综合评价后评定的。目前国际上在划分酒店等级上还没有正式的规定，但有些标准已被公众认定，因此在划分等级上比较统一，如清洁程度、设施水平、家具品质、酒店规模、豪华程度、服务质量、管理水平等。世界上酒店等级的评定多采用星级制，我国根据国家标准GB/T 14308—2010《旅游饭店星级的划分与评定》，按一星、二星、三星、四星、五星来划分酒店等级的。五星级为最高级，在五星级基础上，是白金五星级，为国内酒店业金字塔顶端产品。国外则有六星级、七星级、八星级的酒店，如迪拜七星级帆船酒店。

酒店的大小没有明确的规定，一般是以酒店的房间数、占地面积、酒店的销售数额和纯利润的多少为标准来衡量酒店的规模。其中，按照房间数，小型酒店客房数小于300间；中型酒店客房数在300~600间；大型酒店客房数大于600间。

2. 依据酒店服务性质分类

（1）度假酒店。

度假酒店一般建立在风景名胜度假之地，如滨海、温泉、名山、沙漠地区，具有一定地域特色，集休闲、娱乐为一体。同时度假酒店也提供会议设施、服务、饮食和具有代表性的季节特色民俗活动，如冲浪、温泉疗养、骑马、高尔夫球都是人们度假的热门选择。度假酒店更在乎室外部分景观、人文资源。建筑或建筑群坐立于大自然中，并融入其中。为了保护当地自然和人文景观不受破坏，会采取一些强制性措施，如分散式或庭院式布局。内部流线设计应尽量遵循外部环境进行设定。

（2）商务酒店。

商务酒店，是以服务商务人员为主的酒店，特点为位置好，距离商务活动中心比较近（注重时间，不可在交通上浪费时间）；酒店的商务设施齐全；不低于四星级，由酒店管理集团统一管理。一般商务旅客对价格的敏感度不大，但在住宿、通信、宴请、交通方面较为讲究，注重酒店的环境和氛围。

（3）主题酒店。

主题酒店是以某一特定的主题，来体现酒店的建筑风格和装饰艺术，以及特定的文化氛围，让顾客获得富有个性的文化感受。依据典故、传说、卡通素材甚至是专门编创的故事，也可选择蕴含文化、地理特征的热点地域和城市背景，作为酒店的文化主题，打造独特的酒店魅力和独特的美好体验感，提升竞争力。

（4）会议酒店。

会议、展览和贸易性的博览会是现代大城市的重要商务活动之一，会议酒店以接待团队会议活动为主，要求规模较大，配套设施齐全，环境整洁、优雅，多位于城市市区内。举办国际会议的酒店诸多位于城市交通便利之处，有一定数量的会议厅、展览厅以及配套的客房服务等。21世纪以来，全球会展经济的发展速度超过10%，每年都有上百万个会议召开，参会者超过1亿人。国际会议、会展的举办，将极大地提升地区城市知名度，促进当地与外界的贸易交流。

3. 按经营方式分类

有全民所有制酒店、集体所有制酒店、合资酒店、独资酒店、个体酒店等。

（二）酒店空间室内设计的设计原则

酒店空间室内设计，应充分体现"以人为本"的设计理念，迎合人们崇尚自然的心理状态，首位是将安全与健康放在重要位置，与自然环境相互协调，从而实现可持续发展的设计原则。

可持续发展原则。酒店空间在设计中要充分考虑与自然和谐共处原则，从保护环境的角度，制定可持续原则的设计方案。设计的目的就是为了给顾客提供更加舒适的休息环境，因此对于酒店来说人性化设计是满足顾客需求的最为基本的原则。酒店设计与装饰应考虑使用者的需求，首先满足消费者的意愿爱好。

合理的空间布局规划原则。功能布局合理，客房空间作为建筑的内部空间，其结构划分已经确定。酒店设计时应充分了解原建筑设计，在不破坏和改变承重墙、梁柱结构的基础上，以使用方便、合理为前提，对功能位置的分布（如起居室的多功能性的布局形式）做出进一步的详细规划。主次分明、手法灵活，营造出丰富的视觉空间层次。

和谐的空间设计原则。设计构思、立意，是酒店设计的灵魂。在设计和施工之前，要根据消费者的爱好与地域习俗等做出统一考虑。总体设想之后，研究地面、墙面、天花如何装饰，家具、窗帘和陈设品的布置等方面。

（三）酒店的区域配比

酒店室内空间面积包括：营业功能面积、交通、辅助功能三种。由于各个酒店自身条件不同、功能定位不同，所以不同功能面积的分配比例也不同，各地酒店情况有一定差异，其配比也不是统一的、固定的。酒店的区域配比，既有原则性也有灵活性。一般尽量扩大营业面积，最大限度增强酒店创收能力，中高档酒店的客房区、公共区、交通后勤管理设备区的面积比为2：1：1。

应该注意以下几个方面：

（1）客房，中廊式客房的实际面积，占标准楼层总面积的75%左右。侧廊式客房的实际面积，占65%左右，其利用率相对稍低。

（2）宴会厅一般采用大跨度框架结构，应设置大厅、门厅、接待区域、储藏室、厨房、足够运输空间。厅内一般设置可移动软隔断，方便根据需求进行相应的分隔变化。

（3）餐饮空间面积。个体餐位面积为2平方米左右。中西餐饮比例以酒店客源定位设置，西餐厅人均面积略大，中餐厅、酒吧、咖啡厅人均面积相应小一些。

（4）厨房操作间面积。食品、饮品的加工操作场所，其面积占餐饮、宴会区域总面积的30%~40%。餐厅面积越大，比例越小。

（四）酒店空间流线设计

酒店流线，按照实际情况可分为两大区域、三大系统和四种类型。两大区域即室内流线和室外流线。三大系统即客人流线系统（住宿顾客、餐厅出入、会议及访客流线）、服务流线系统（客房出入、餐厅出入、从业人员进出、物品进出流线）和设备流线系统（水、电、暖、安全防灾、网络信息等流线）。四种类型即水平流线和垂直流线、使用状态上的单人流线和多人流线、运行上的单一功能流线和多种功能流线、产生室内交通枢纽的交叉流线。

减少客人流线和服务流线的交叉是酒店流线设计的基本思路。但是，不能为此而任意地增加出入口，以免在管理上发生不周到，增加走廊巡视难度，影响建筑面积的有效利用。住宿客人和宴会客人，因其目的不同而流线也不一样，为了不妨碍客人的活动目的，应尽量按不同的目的，把流线分开，如图5-1-1所示。

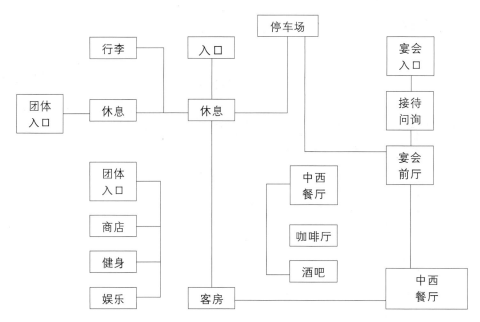

图5-1-1　酒店路线设计

流线设计原则部分，在一定的行为模式下，顾客、服务人员的活动有一定的规律性。合理规划组织酒店的交通流线，通过特定设计手法把功能联结在一起，让各区域之间建立起功能性互补关系。在布局时，考虑经营活动中各步骤的先后顺序，包括员工和顾客可能相交的汇合点，做到各行其道，避免互相干扰。

（五）酒店大堂的室内设计

酒店的设计重点首先是大堂或者叫中央大厅，也是给来访者第一印象的重要空间，作为保证通行质量的重要空间，不仅是展示酒店质量的空间，也是体现个性化服务与沟通的重要功能。根据要求，大堂要有行李储存、公共电话等配套功能。总服务台的功能也同样重要，具有辅助和服务功能，是客人登记、结账、问询和保管贵重物品的地方。一般服务台连接办公用房和附属用房，它的背景也是整个大堂的设计焦点，有一定的主题，从色彩、形态、材质以及灯光效果等几个方面重点打造视觉中心。同时配套空间还有休息处、商务中心以及商店，方便提供客人临时等待、会客等不受干扰。另一侧设置展示墙，展示可售卖的商品，从艺术品到洗漱用品，以及旅行纪念品、食品等，可以展示酒店的地域文化特点。总服务台，一般在入口附近较明显的地方，大堂的中心，顾客入厅即能看到；休息区，方便顾客临时等候休息，起到疏导和调节作用；还有公共卫生间（包括残疾人卫生间和清洁工具储存室）、电梯厅、大堂等。

（六）酒店客房的室内设计

酒店客房的基本功能有衣物存放、睡觉、办公、休闲、会客、娱乐、洗漱等。应设置通过区、储物区、睡眠区、办公区、休闲会客区、娱乐区、卫浴区等。内部设计，要统一考虑、统一安排功能、风格、人性化三项主要内容。功能服务于物质，风格服务于精神，人性化是对物质与精神融合后时间效果的检验。酒店客房的基本功能设计主要体现在客房建筑平面、家具设计、水电应用平面、天花平面的布置中，以及在这些平面设计中已经定位的相关电器设置的选择。

客房有标准客房、商务套房、单人客房、总统套房等，客房设计根据面积与空间配套设施分为基础客房、精品客房及套房几个档次。根据档次不同，设计出不同氛围的空间效果，一般以新中式、气质典雅风格为主。

1. 标准客房

一般指双人独卫房间，面积不小于24平方米，内设有中央空调、床、床头柜、写字台、化妆台、行李柜、电视、衣柜、照明、电话、插座等。客房面积标准：五星级为40平方米，卫生间为8~10平方米，浴室干湿分离。四星级客房面积为35平方米，卫生间为5~6平方米以上。

2. 商务套房

面积在50平方米左右，卫生间不小于10平方米，配套空间有工作区、会客区、书写台、配备电话网线等插口。会客区，具有洽谈、阅读、娱乐等多种功能。休息区一般是客房最大的区域，设计中以床为核心重点部位。卫生间，首先要干湿分离，避免功能打扰，合理安排、尺度适宜，淋浴区在考虑装饰方面可使用易于清洁材料。

3. 单人客房

一般一张单人床的客房叫单人客房，除床之外其他家具和设施与标准客房相仿，星级较低的酒店房间面积略小。

4. 总统套房

一般为元首、政要、世界名人等级别高的客人及家眷，一般四星级或以上的酒店设有，基本空间为总统卧室、夫人卧室、会客室、办公室（书房）、会议室、餐厅、文娱室和健身室。

二、案例分析

（一）蒙维尔酒店(Hotel Monville)

"Monville"在法语中的意思是"我的城市"，这也是该项目所希望表达的内涵：建造一座能够突显蒙维尔城市特色的酒店。蒙维尔酒店由ACDF Architecture设计团队设计，其目标人群是以"more for less"为信念的客人：抛开所有不必要的物品，以合理的价格提供优质的住宿环境，如图5-1-2、图5-1-3所示。

图5-1-2　酒店外部建筑

图5-1-3　酒店公共空间区域

纤薄的立面由预制的混凝土板构成，每个窗格对应着一间客房。窗框的图案经过组合之后为整个立面带来节奏感、纹理感和适宜的深度。优雅且用色简单的外观呼应着酒店内部干净整洁的公共空间，包括大堂酒吧、咖啡馆、各种集会区域、图书馆以及三个带有宽敞露台的顶层客房，如图5-1-4所示。

图5-1-4　酒店客房

（二）安吉柏翠姚良度假酒店

项目基地位于浙江省安吉县梅溪镇姚良村村口（图5-1-5），原址为一所已改为民宿的小学旧址。据悉，两层的学校是村民一砖一瓦砌筑而成的，虽然学校早已搬迁，但稻田中的两层小楼却承载着那一代人的记忆。

酒店南侧一层为公共空间，北侧两层为客房区，中间院落顺依地形。大堂与餐厅层位于西侧高地，大尺度的泳池空间通过自然的高差，置于大堂北侧的松园下方，休闲空间向西延展到三面庭院的书吧，巧妙地过渡了自然高差。由此，接待空间与休闲空间在不同高差上向外部敞开，与原有的田园无缝连接。东侧春溪畔，五幢前一层、后两层的独立院落夹着巷道，高差上向外部敞开，与原有的田园无缝连接（图5-1-6）。

酒店位于稻田附近，令居者为稻田所环抱，远山、竹海、松林、梅溪、稻田，四季之间，俯仰皆景，构成一派纯粹的田园风光；将自然景观融入建筑，回归田园的空间环境，为客人提供了现代时尚的休闲居所，营造了一处令居者享有四时山水田园，并拥有现代、时尚、高端、舒适的精致居所（图5-1-7、图5-1-8）。

图5-1-5　安吉柏翠姚良度假酒店

图5-1-6　南水园

图5-1-7　酒窖

图5-1-8　客房

第二节　餐饮空间室内设计

　　餐饮功能空间属于带有经营性质的公共空间环境，除了专门性质的餐饮功能空间，如酒店空间、酒吧空间、会所空间及一些除商业购物之外的营业性场所以外，诸如书吧、体育健身、美容、洗浴等一些休闲空间内，同样也会有餐饮功能需求。它们时而独立出现，时而以集群综合体出现在公共环境之中。现代社会，顾客在餐饮方面不再满足于普通的吃喝，还要追求个性、精致的餐饮装饰风格，享受舒适愉悦的进餐环境氛围，有着对餐饮空间意境的需求。

一、餐饮空间室内设计概述

（一）餐饮空间形态的功能作用

1. 宴会餐饮空间

　　具有宴会厅性能的饭店是最为正统和标准的餐饮空间。空间面积达到一定规模，就餐区域设置主次分明，空间气氛有端庄、隆重、大方之感，大厅与包间之间连接便捷通畅，如图5-2-1所示。

2. 快餐厅餐饮空间

　　主要分为中式和西式快餐厅，中式的主要是以快餐形式供应中国传统的小吃或比较简单的饭菜，西式的主要有汉堡店等。色彩上常选用原色制造令人紧张的气氛，避免顾客长时间逗留。空间处理上应简洁明快，不宜做过多的装饰。照明设计应采用简洁、明快的照明方式，照明灯具及形式不限，但要能使整个空间明亮而且照度均匀，如图5-2-2、图5-2-3所示。

图5-2-1　宴会厅概念设计

图5-2-2　中式快餐厅

图5-2-3　西式快餐厅

3. 西餐厅餐饮空间

其风格自然是西式的情调，又有欧式、古典、现代等不同风格的划分，但一般都设有散座和吧台，有的还有包间。平面空间布局相互连通又各自独立，空间完整而又有层次，如图5-2-4、图5-2-5所示。

图5-2-4　巴拿马Ochoymedio西餐厅

图5-2-5　伦敦Woodspeen餐厅

4. 中餐厅餐饮空间

中餐厅在我国最为盛行，顾名思义就是中式风格、中式菜系的餐饮空间，是最为常见的餐饮服务空间。根据餐厅规模大小，一般设有迎宾台、散座、包间、收银台等功能设施，如图5-2-6所示。

5. 酒吧餐饮空间

酒吧的形式越来越多元化，有主题酒吧、多功能酒吧等，总体设计与西餐厅的设计有些相像，但是更加突出空间的个性特征，如图5-2-7所示。

图5-2-6　中餐厅

图5-2-7　对嘴摇滚烤兔啤酒屋

（二）餐饮空间室内设计的原则

餐饮空间室内设计的基本原则包括：① 满足实用功能的需求；② 满足精神功能的要求；③ 满足技术功能的要求；④ 具有独特的个性；⑤ 主题鲜明，突出特色；⑥ 功能协调方便；⑦ 空间尺度合理；⑧ 创造良好的就餐氛围；⑨ 注重家具的选择。

（三）餐饮空间设计方法要点

形态设计要点：不同的空间形态会给顾客带来不同的心理感受。照明设计要点：在达到照度要求的前提下，还要营造空间气氛。色彩设计要点：在餐饮空间视觉传达设计中，宜以明朗轻快的色调为主，提高顾客的进餐兴致，提升顾客满意度。材料设计要点：对于餐饮空间墙面围体的装饰材料的选择，应该重点考虑防尘防污染。格调设计要点：最能体现空间个性的就是格调。陈设设计要点：装饰陈设是对餐厅空间设计的二次创造，要根据餐厅风格进行合理安排，如图5-2-8所示。

图5-2-8　法国巴黎左岸Alcazar餐厅

（四）餐饮尺度要求与设施布置

餐饮空间尺度要求，就餐空间最佳尺度的设定，包括餐厅内所使用的家具形式与尺度，都与餐厅的使用性质有关。

一般情况下按照双数的两人、四人、六人、八人使用来布置，还有十人以上的大直径餐桌布置。像快餐、吧台、自助性质的餐饮空间也会以单人就餐方式布置。形式上分为岛屿式、顺墙式、排列式几种。

二、案例分析

（一）香港John Anthony餐厅

该餐厅是香港一家主打港式点心的新派中菜馆。餐厅以一位19世纪在港营商的英国商人John Anthony命名。室内设计以John Anthony的航行旅程为灵感，旨在探索东西方建筑风格和材料的融合，在建筑风格中融入东方元素细节，打造充满英式元素的中式餐厅。整个餐厅都在探索Anthony在航行中可能会遇到的材料：手工釉面砖、赤陶土、手工染色的面料和手工编织的柳条，天然质感的墙面和陶土。进入餐厅要沿一段台阶而下到地下层，两侧墙面是嵌有大片白色金属网格的背光玻璃板。一些主要设计元素在餐厅入口处就得以窥见一二：陶土色的墙，粉色瓦片铺贴的三层挑高屋顶，石灰绿色水磨石地面。在整个设计中，可持续的理念贯穿始终，体现在室内装饰和茶餐厅经营的各个方面。杯垫和餐牌由废弃塑料升级改造制成，地板砖是回收的陶瓦，沙发和座椅使用了坚固耐用的藤条，洗手间隔间的天花板则由回收的塑料管排列装饰而成，每一处细节都彰显着对环保的重视。酒吧上方悬挂着一组玻璃管，里面装有注入香料的杜松子酒。吧台正中悬置4支巨型酒柱的金酒，均为茶餐厅自家酿制，以"香料之路"上发掘的各色原料酿就。天花板上悬挂而下的白色金属灯架配合定制的木制灯罩营造出仓库的工业感，墙面则由定制的黄铜灯点亮，如图5-2-9、图5-2-10所示。

卡座之间用奶油白麻质挡帘隔开，滑杆是黄铜质地，天花板挂着手工扎染的靛蓝布匹，波浪般的造型象征着航海的岁月，如图5-2-11所示。

用餐区蓝绿色手工瓦片铺贴的拱顶一直延续到厨房及其他空间，重在呈现空间在垂直面上的交错变化和明亮感，如图5-2-12所示。

包间的墙面全部由手工上色的砖片铺就，上面绘有如东方异兽等图案，顶部则是石膏拱顶，如图5-2-13所示。

图5-2-9　吧台区域

图5-2-10　卡座区域1

图5-2-11　卡座区域2

图5-2-12　用餐区域

图5-2-13　包间区域

（二）波兰Martim餐厅

Martim餐厅坐落于波兰弗罗茨瓦夫市的奥德拉河河畔（图5-2-14），提供葡萄牙风味美食，同时融合了来自印度、巴西和日本的烹饪灵感。精心定制的葡萄牙酒品与主厨自创的招牌菜式形成完美搭配。

餐厅内部的色彩使人联想到葡萄牙的色调和氛围，明亮的海绿色、深红色呼应了葡萄牙的葡萄酒文化；米色元素则以软木的形式出现，同样也是源自葡萄牙南部地区的材料，如图5-2-15至图5-2-17所示。

图5-2-14　建筑外观

图5-2-15　餐厅夜间立面和发光鱼群装置

图5-2-16 吧台区

图5-2-17 软木和钢制酒柜

　　除了清晰的色彩方案之外，室内设计还制定了特别的功能布局方案：全开放式的厨房可以透过玻璃幕墙一览无余，展现出餐厅直白而朴实的特征。厨师工作台位于厨房前端靠近餐厅入口的位置，使客人们有机会和厨师倾谈或观看厨房团队的工作，如图5-2-18至图5-2-23所示。

　　钢制酒柜、工业风格的吧台、水磨石地板以及瓷砖贴面，所有的这些材料和设备共同为餐厅带来一种与周围码头环境相一致的粗犷氛围。材料区通过被软木包覆的餐具柜与用餐区相连，餐具柜的酒红色隔板在二者之间构成了一道独特的缓冲带，如图5-2-24所示。

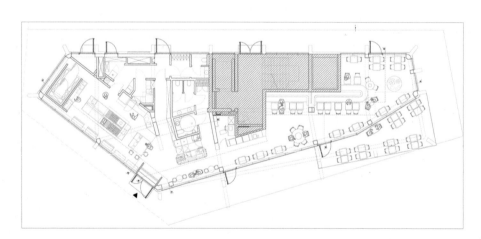

图5-2-18 平面图

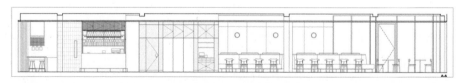

图5-2-19 剖面图1

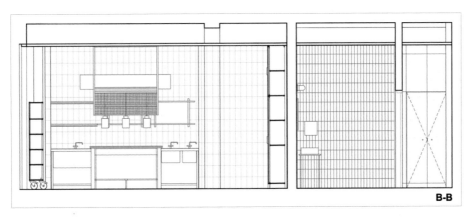

图5-2-20 剖面图2

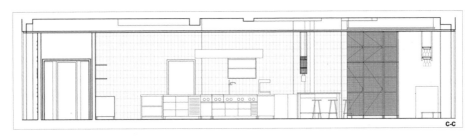

图5-2-21 剖面图3

图5-2-22 用餐空间概览

图5-2-23　开放式厨房

图5-2-24　吧台和酒柜细节

　　用餐区位于餐厅的后端，三面被玻璃环绕，享有绝佳的河流和城市视野。镜面墙板在反映弗罗茨瓦夫全景的同时也将其融入餐厅内部，消除了室内与室外的界限。地面上铺设的长条形柚木板给人一种轮船甲板的观感。深绿色的穿孔天花板倒映着奥德拉河的波浪，进一步强调了餐厅的临水环境，如图5-2-25所示。

　　视觉标识和餐具也是本次设计的一个重要部分，其色彩和材料与室内环境形成了呼应，并通过与现代旅行元素相关的艺术品得到补充，例如车票和时刻表等。白色的陶瓷餐具由一位葡萄牙陶艺师特别制作——餐厅转角处发光的鱼群装置同样出自其手。Martim餐厅营造了一场葡萄牙航海体验，提供了一个介于陆地与水体之间的舞台。温馨的内部体验与开阔的外部视野相互平等地存在，带来简单而舒适的用餐体验，如图5-2-26所示。

图5-2-25　用餐区

图5-2-26　餐具和视觉设计

第三节 办公空间室内设计

办公空间是为办公而设的场所，其功能应该是使工作达到最高的效率。办公行为涉及各行各业，虽有相似的共性特征，但办公方式因行业、机构的性质、类别不同而各有差异，在管理与执行上也有各自运行的系统。

一、办公空间设计概述

（一）办公空间的性能类型

1. 开放式办公空间

开放式办公空间起源于19世纪末第二次工业革命后，生产集中，企业规模增大，由于经营管理需要增加办公各部门之间的互动，进一步加快联系速度和提高效率，由此形成了少量高层次主管仍使用小单间，大量的一般办公人员安排于大空间办公室办公的形式，如图5-3-1所示。一般分为内、外开放式办公空间。内开放式的办公空间一般内部设置有庭院，内庭院的空间与四周的空间相互渗透。外开放式，顾名思义，与外部空间相互渗透。

图5-3-1 开放式办公空间

2. 景观式办公空间

景观式办公空间起源于20世纪50年代末的德国，主要针对的是早期现代主义办公建筑忽视人际交往的倾向。景观式办公空间的工作人员之间可以舒适接触，很容易营造和谐的人际关系和工作关系。自1960年德国一家出版公司创建"景观办公空间"以来，这种办公空间设计形式在国外备受推崇，如图5-3-2所示。

3. 单间式办公空间

单间式办公空间是以部门或工作性质为单位进行设置的，布置在不同大小和形状的房间之中，适合日常工作联系较少，工作类型差异较大，隐私要求较高的部门。办公室的内部环境非常安静，办公室职员之间有一种更为密切的人际关系。

将单间式与开放式结合到一起的办公布局方式，称为综合式办公室，是西方国家运用较早的办公方式。将普通职员安排在开敞的空间之中，称为"牛栏式"办公区，如图5-3-3所示。

图5-3-2　景观式办公空间

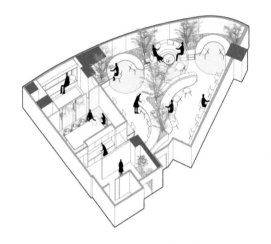

图5-3-3　综合式办公空间

（二）办公空间的设计要点

办公空间环境的总体设计准则，就是要突显时代、高效和简约的空间氛围，并以此为基础，体现文化性的特点和自动化科技水准，使之达到完整统一的办公空间环境效果。

其一，深入了解企业文化背景，展现企业形象。

其二，深入了解企业类型性质。

其三，满足空间秩序性设计要求。

其四，营造明快轻松的空间氛围。

其五，考虑人体工程学，注重其适用性和舒适度。

其六，排除和降低噪声等不利因素的干扰。

二、案例分析：Serviceplan集团交流之家

Serviceplan集团的交流之家位于慕尼黑奥斯特巴赫霍夫附近的全创新区iCampus。设计师用桥梁将三座独立的建筑连接起来，将40家不同的机构和1700多名员工聚集在一个屋檐下（图5-3-4）。海茵建筑将这个总部设计成一个小城市，这一概念被称为办公都市主义，就像一座城市一样，交流之家除了会议室和独立工作区外，还包括聚会、餐饮和休闲空间（图5-3-5）。

在室内设计上引入了一条连接所有三个建筑中庭的中轴线（图5-3-6）。这条名为"创新路径"的轴线和主要循环线路贯穿整个建筑的一层。游客由入口处一个引人注目的6米宽楼梯进入，这条路径连接的目的地通过一个130米长的灯光装置凸显出来（图5-3-7），灵感来自Büro Uebele设计的经典霓虹灯标志。它也是一个活动和展览空间：公司所有者的私人艺术收藏作品可在此展出，如安塞尔姆·基弗、格奥尔格·巴利茨和托尼·克雷格都在此展出过作品。通过艺术之旅和活动空间，该建筑向公众开放。

在办公楼层，不同的工作模式可以并行进行，如实体和虚拟、有声和无声，这得益于声学设计，包括吸音墙、天花板和厚重的毛毡窗帘，以及办公室和会议室的空间组织。更活跃的区域围绕室内中庭布置，包括宽敞的茶室和协作办公空间。在周边，为集中办公设置了更安静的区域，包括为各个机构服务的电话亭和会议室（图5-3-8）。

图5-3-4 办公空间设计

图5-3-5　俯瞰餐厅区

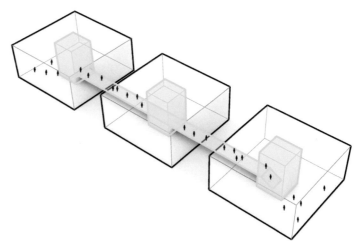

图5-3-6　中轴线示意图

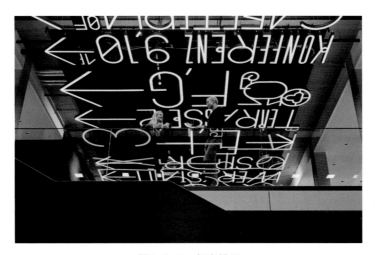

图5-3-7　灯光设置

图5-3-8　中庭

第四节 剧场空间室内设计

一、剧场空间室内设计概述

影剧院是典型的文化娱乐空间。根据建设者的需求，有单纯的影院和单纯的剧院；也有综合性很强的影剧院。在满足基本功能外，还应适应不同地域、不同年龄和不同文化层次的人们进行文化娱乐的不同方式和喜好，充分体现现代影剧院设计的多元化。如现代剧场主要用于歌剧、戏剧等演出，也可用于各种音乐演出，同时可兼顾大型会议、报告等其他用途。声学技术参谋和舞台工艺技术设计人员的参与，在剧场空间中有着举足轻重的作用，好的设计不但能满足根本的视听要求，还能使剧场的功能更多样化。

二、剧场空间室内设计的要点

（一）剧场空间主要内容和设计基本要求

剧场的功能分区一般分为演员活动区、观众活动区和管理活动区等，要使得这三个部分适合剧场设计的要求。

1. 前厅、休息厅

此部分应满足观众候场、休息、交流、展览、疏散等要求，也附设一些商品销售区、服务台、卫生间等服务设施。

2. 舞台部分

一般舞台形式主要有镜框式舞台、突出式舞台、岛式或中心式舞台这几种。

3. 观众厅部分

观众厅一般有矩形、扇形、多边形、曲线形等形式，此部分音质设计是关键所在，根据表演特点、声源特性确定观众席的形式，同时确定观众厅或观演厅的体积、混响时间，协调灯光、声学、消防等系统之间的关系。在剧院建筑设计中，应依据空间面积大小，空间使用人数等条件因素设计疏散通道。疏散通道的设计应符合国家标准，为安全疏散创造有利条件。

4. 功能性和附属性空间

所谓功能性空间是指环绕演出大厅周边的一些区域，比如，舞台周边的候场区、化妆间、设备间（包括放映室）的直接的功能性空间。附属性空间指座席区周边的卫生间、过厅等区域，还有很重要的快速疏散人流的消防通道区域。

（二）剧场空间舞台照明设计要求

剧场建筑设计应根据舞台灯光系统的设备位置、尺寸等，确定相关安装条件、用电负荷及技术用房需求，并应满足灯光系统安装、检修、运行和操作等的要求，从而设计一个布置合理、功能完善、运行安全的舞台灯光系统。舞台照度与观众席区域照度的比值关系，要依据表演内容进行合理的变换，达到准确的舒适度。具体设置应符合《剧场建筑设计规范》的相关要求。

（三）剧场空间建筑形态设计要求

1. 建筑大空间特征要求

一是使用空间很高大，采用大厅式的组合关系，这是演出舞台与观看座席的要求所致。二是使用空间的大小差别较大，一层需要形成错层夹层关系使用的是空间与多层空间相联系的方法。三是对视线的要求，使得空间的地面不在同一层面上，这也是高尺度空间的必然。四是大空间建筑需要很大跨度的建筑结构。

2. 小剧场空间特征魅力

首先由于空间体量的巨大差异而形成建筑形态上的迥异，人们就会有不同的空间感受。由于空间体量小，观众数量不多，因而建筑空间要求不高，形成自然、亲切、静心的舒适性极高的空间氛围。

作为娱乐性的公共空间概念，剧场建筑的造型传达的不仅是剧场的演出功能，还有剧院地域文化艺术内涵的主题性体现，其形态可以是隐喻的，也可以是象征性的方式体现。在不断进步的现代社会中，还会有越来越多的剧场空间形态出现，从而带给我们完美视听的身心享受。

三、案例分析：瑞典Skandiascenen剧院

Skandiascenen是历史悠久的Cirkus剧院的一个现代化的附属建筑物，坐落于斯德哥尔摩，于1892年建立。这次新的建设在非常有限的空地上填补了固体岩石建材的缺口，拥有一个新的大厅、舞台以及容纳800位观众的座位。White Arkitekter富有创造力的设计方案拓宽了地面以下的空间，使得大厅跨越了两个不同的楼层。

扩展的设计理念是想要刻意设计成现存的历史悠久的剧院建筑物Cirkus的形式。建筑物不锈钢的优雅外观采用了鱼鳞状样式的重叠，柔滑的磨砂外观增添了喜气的光环，具有轻微弧度的金属外观带有大弧度的玻璃隔断，当人们在Hazeliusbacken山坡上行驶时，这种外观提供了一种动态的气势，与具有历史性的粉刷与砖砌的建筑形成了强烈的对比，展现了另一个时代的表达（图5-4-1）。

尽管两者在外观上可能有所不同，但是新剧院的内部设计和原来的Cirkus很相似，新的大厅采用了红色来作为调控色，和传统的戏剧观众席是一样的脉络。从前面的表演台向远处望去，观众席呈现了由低到高的走势，红色的座椅在灯光的照耀下更显耀眼。红色的墙壁和观众席自成一体。天花板布

图5-4-1　剧场外部建筑

满了横梁，上面的每一处机关都决定着表演的成功与否。剧院中必不可少的一处空间便是洗手间，该洗手间的吊灯是大小不同的球形灯具，相互簇拥着带来上方的美感与下方的明亮。通往楼上的过渡大厅没有太过华丽的设计，红色的墙壁为空间增添了温暖的氛围。天花板上的吊灯在刻意设计的梁上面笔直排列，圆形的灯具似乎秉承着室内灯具的圆形原则（图5-4-2、图5-4-3）。

图5-4-2　剧场内部区域1

图5-4-3 剧场内部区域2

第五节 商业空间设计

一、商业空间概述

狭义的商业空间是指百货公司、专卖店、购物中心、超市等。广义的商业空间是指提供有关设施、服务或产品，满足各种商业经营或服务活动的需求。除了各种商业活动外，还包括酒店、餐饮、娱乐等服务性的经营场所，商业购物空间是商业区的一部分，通常指人们日常购物的不同房间和场所（图5-5-1）。

图5-5-1 商业购物空间

（一）商业空间室内设计分类

1. 商业购物中心

20世纪60年代是第二次世界大战后欧美国家大规模生产和消费的时期，购物中心的建立顺应了时代的需要。购物中心集购物、超市、餐饮、娱乐于一体，拥有步行区、运动区、信息区等公共设施，方便购物。

2. 综合商店

综合商店指经营多类商品的零售商店，其特点是：经营品种较多，花色规格较少，主要售卖一些购买频繁，数量少，挑选性不强的日常生活必需品；多设置在居民区，方便购买；规模较小，投资少，便于发展。

3. 超级市场

超级市场采取开架售货形式，尊重消费者的权利，给消费者充分对比、选择的权利，改变了以柜台隔离商店与顾客的传统关系。

（二）商业空间设计原则

功能性商业空间设计的基本原则是能否营造一种刺激顾客购买欲望的综合营销氛围，因此在设计过程中应遵循以下具体设计原则：第一，商品陈列展示应以商品种类分布的合理性、规律性、便利性、营销策略为基础，进行整体布局设计，以方便商品的促销，为顾客创造舒适宜人的购物环境。第二，根据商场、购物中心的经营性质、理念、属性、质量和地域特征，确定室内环境设计的风格和价值取向。第三，要有入口、流动的空间、主题明确的橱窗和广告牌，形成整体统一的视觉传达系统，利用照明设计、适合的材质和色彩，准确诠释商品品牌，营造良好的购物环境，激发顾客购物欲望。第四，商业空间不应受到限制，必须搭配空间氛围来选择商品，空间处理应尽可能宽敞，以达到既可见又可感知的效果。第五，商业空间的设施、设备必须完善，符合人体工程学的原理和防火规范，消防标识明显，疏散通道畅通无阻，并应设计残疾人专用的无障碍设施和通道。第六，创新意识要突出，能彰显整体设计中的风格与特点。

（三）商业空间的引导与组织技巧

商业环境的功能宗旨就是形成"吸引—欲望—购物"为目的的空间设计，做到"方便经营、提高效益"来完成商业流通活动；做到"方便顾客、吸引顾客"来提高客流量；做到"方便管理、提高安全系数"来营造环境空间的良好氛围。顾客购物的逻辑过程直接影响空间的整个动线（流线）构成关系，而动线的设计又直接反馈于顾客购物行为和消费关系。

　　一是空间分隔与关联。设计中常利用建筑柱网结构、透明结构、轻体隔墙结构等方式沿空间水平方向围合或分隔出相对固定的经营空间来，也可利用柜台或展台等设备围合出更具灵活性的经营空间。二是顾客流向与引导。在商业空间中，营业空间的重点装饰、商品广告、连续照明灯具、标志、符号和景点等，哪怕是地面上投影下的箭头，都能起到吸引顾客视线并且引导客流方向的作用。三是空间层次与延伸。商业环境的空间层次是在水平方向围合时获得的，通过围隔相间的手法，汲取传统园林透景、借景、对景的精妙手段，形成空间层次的变化和统一，这是商业环境所需要的一种空间组织形式。

二、案例分析

（一）巴塞罗那IMAGINARIUM儿童产品旗舰店

　　儿童总是喜爱玩耍的，神秘的洞穴对他们有着无穷的吸引力，而色彩于儿童，更是有着重要意义。因此，迫庆一郎在设计巴塞罗那著名儿童品牌IMAGINARIUM旗舰店时，就以"洞穴+彩虹"为设计的主题。IMAGINARIUM旗舰店位于格拉西亚大道米拉之家对面，是一个6米宽、28米进深的细长空间，共有三层（B1F、1F、2F），建筑面积共990平方米。

　　从入口开始，店铺为成人及儿童配置了各种大小配套的设施，以此来强调IMAGINARIUM品牌同等对待成人及儿童的理念。

　　"等高线"一样再现了自然的地形。一些像"舌头"一样突出的陈列柜可以活用于促销产品的展台、区域标志、桌子、椅子、柜台、书架或者隔板等各种功能性需求。由于展架每层形状不同，因此各种商品分散地分布在三维空间中。由上而下俯视时，可以看到各种颜色的展架好像"等色线"，勾画出了商品的分布，同时也强调了"空间的应力"。店铺经营的商品种类繁多，由于是儿童商品，包装色彩斑斓绚丽。因此，在设计上既要考虑到多样空间的需求来对应不同商品，也必须注意空间的整体性。迫庆一郎选用了彩虹般渐变的色彩用于展架背后的墙面上，以突出商品，并营造热烈的气氛（图5-5-2）。

图5-5-2　巴塞罗那IMAGINARIUM儿童产品旗舰店

（二）荟所Vigour Space零售店

荟所Vigour Space是一家新型零售店铺，面积在1200平方米左右。荟所提升了线下消费、体验、服务等多重方面，除了主打的生鲜产品销售外，还加入了餐饮和宴会功能。旨在通过适度混合功能给同一空间带来更多的体验和感受，形成一个综合零售形态的商业空间，如图5-5-3、图5-5-4所示。

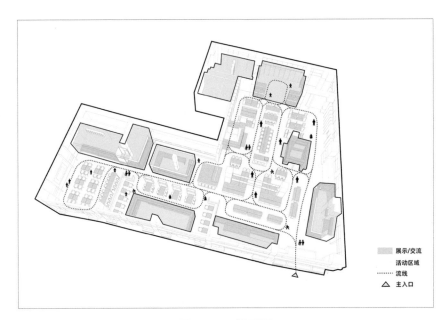

图5-5-3　平面图

图5-5-4　入口区域

荟所内部空间是开放透明的，减少了视觉障碍，不同体量的停留空间和流线形成了动静组合的节奏。就像《街道的美学》中提到的一样，满足人流经过的场所应具有停留的"阴角"，空间才会更具活力与适宜性。考虑到产品的多样性，室内设计应更加灵活，浅灰色水磨石和标志漆成为空间的整体基调，使空间在丰富的商品色彩下保持统一的色调（图5-5-5至图5-5-7）。

图5-5-5　展示区域

图5-5-6　陈列区域1

图5-5-7　陈列区域2

（三）触摸式人景交互体验式街区——东莞·万科城市广场

东莞·万科城市广场位于东莞市厚街大道与教育路交会处，建筑面积约16万平方米，集多种业态于一体，是东莞首个触摸式人影交互体验式街区（图5-5-8、图5-5-9）。

在内装的设计中，设计师从该项目规划布局中不规则的形态获取了灵感，室内各区的线性分隔造型呈现出简练而又富有变化的视觉效果（图5-5-10至图5-5-12）。

图5-5-8　建筑外观分析

图5-5-9　色调与纹理分析

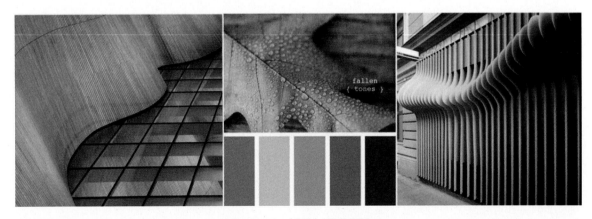

图5-5-10　材质与形式分析

图5-5-11　入口

图5-5-12　电梯区域

　　步行街天花延续了该建筑的主元素——线性元素，斜线造型与折线相结合，使步行街天花有形态的变化，加上细节上黑色金属线的点缀，既提神又不造作。偶尔增加了几处发光灯箱和不锈钢镜面，很好地延续了斜线的元素，营造了统一的格调（图5-5-13）。

图5-5-13　步行街

第六节　展示空间设计

一、展示空间室内设计概述

展示是"展览"概念的扩展。所谓展览就是将物品陈列出来供人们观看，而展示活动是强调公众参与的活动，不仅仅是接受信息，而且要反馈信息，深入地参与其中进行实践和体验。"示"有明示、暗示、示范、演示等意义，不仅有静态的含义，还有动态的含义。展示活动已经渗透到人类生活的各个领域，强有力地推动着社会发展。在设计方法和程序上，展示设计既具有室内设计、公共空间设计、景观设计、视觉传达设计及工业设计等方面的特点，同时又具有自身的专业特征。

（一）展示设计的分类

不同的表现主题，展示活动的目标及表现形式的规律与特征都有所不同，了解熟悉展示活动的类别特征，对有目的地参加展示活动的组织与设计工作有很大的指导作用（图5-6-1、图5-6-2）。以展示内容进行分类，可以分为综合型、专业型、展览与会议结合型；以展览的目的性进行分类，可以分为观赏型（各类博物馆展览、珍宝展、美术作品展等）、教育型（各类成就展、历史展、宣传展等）、推广型（各类成果、新产品、新技术、新成就、新方法展等）、交易型（各类展销会、交易会、洽谈会等）。从设计形式角度来看，可将展示设计归纳为商业展示设计、演示空间设计、庆典环境设计等。下面就这几种类型进行阐述。

（1）商业展示设计。

商业环境是指各类商店、商场、超市售货亭、宾馆、酒店等商业销售环境。商业展示设计可分为店内和店外商业环境设计，如店面设计。

图5-6-1　迈阿密科学博物馆

图5-6-2　灯具展

购物环境的设计必须适合于销售商品陈列。展示方式、灯光照明、货架、展台、柜台造型、色彩、POP广告等设计既要醒目，方便顾客购买，又要与室内装修风格相协调。

（2）演示空间设计。

不同的等展示空间的环境气氛设计有不同的特点及使用要求。演示空间设计应包含观众的使用部分、辅助设计部分、演出空间部分，还有各类照明、道具、灯光等内容。

（3）庆典环境设计。

一些重要的节庆活动、礼仪活动，需创造一个符合其内容气氛的环境，如大型的游园活动环境。如何进行平面布局、悬挂彩旗、搭建彩楼、陈设植物等都属于展示设计的范围。大型运动会的开幕式、闭幕式等更需结合现代科技手段进行综合设计。

（二）展示空间室内设计的设计原则

在展览设计的探索与发展过程中，人们越来越意识到空间的重要作用。空间是可塑、张弛有度、富有弹性的。总而言之，能够处理好空间问题，就抓住了展示设计的重点。在进行展示设计时，一定要把握好节奏感与韵律感，通过点、线、面等基本元素的灵活运用与结合，让展示设计富有生命力。

在整个设计中，要随时调整节奏与韵律，使其体现在设计的方方面面，唯有此才能使设计流畅自然。对空间进行合理灵巧的划分，让有限的空间进行延续，在无限中体现有限，通过空间的不断变化，赋予空间动感与节奏，使观众可以从各个角度全方位观察空间。

（三）展示空间规划方法

展示设计需要在既定的空间内运用艺术的手法，在限定的时间内准确而高效地传达信息。

（1）空间功能划分。

不论是单一的展示，还是复合的展示，都需要在有限的空间内进行合理的功能规划。展示空间一般有导读区、展示陈列区、洽谈区、走道空间、形象区、休息区等。

（2）空间形态与空间组合。

不同的空间形态给人以不同的空间体验感受。单一的展示空间应注意空间的比例和尺度，在设计过程中，要根据展示的使用性质，充分考虑顾客的心理需求。

（3）空间的分隔与衔接。

复合展示空间中，为了有明确的功能区分与主题表达，需要进行空间分隔。室内外空间的限定同样需要进行划分与限定，比如入口位置或是共享空间。

（4）动线设计。

展示设计中，空间的划分不是简单而随意的，而是要保证空间与空间之间有明确的顺序性和简短而便捷的交通流线。动线设计就是要将展示空间中的端点、通道、节点、尾声以合理的方式联系起来，从整体出发，把握节奏，使展示效果重点突出、层次分明、韵律协调，创造出令人印象深刻、体验丰富的展示空间。

二、案例分析

（一）安迪·沃霍尔临时展馆

LIKE设计事务所尽量避免带有中性色彩的白色墙壁，将众所周知的安迪·沃霍尔的代表符号——坎贝尔汤罐作为展馆的基础元素。整个场馆使用了1500个坎贝尔汤罐，分割形成了4个大小不一的空间。材料的使用，反映了社会的消费文化，同时参照了艺术家作品的主题，作为模块化的金属容器被重复使用，通过它们所组成的结构定义出4个空间的尺寸。8层叠排式的金属罐的高度严格参照了人体的高度与人的平视高度，除了保证临时展馆墙壁的稳定度，还利用这种材料的张力最大限度地向公众展示了建筑成型的可能性与创造力，非常有助于推广传播安迪·沃霍尔的波普艺术文化的形态与意识（图5-6-3至图5-6-5）。

建筑师利用透明的塑料覆盖在临时展馆的地面，允许光线进入并从上向下折射，再通过金属表面的反光给空间内部提供照明，节约了成本，同时也相对环保。用对立方向上延长天花板这一手段，加强了临时展馆与商场之间的视觉关系。为了最大限度地提高人们的流通速度，设置的两个出入口地理位置优越，加强了建筑师期望达到的效果（图5-6-6）。

图5-6-3 主题墙

图5-6-4 展示区域1

图5-6-5 中庭区域

图5-6-6 展示区域2

该项目通过艺术家的遐想，以一个强大的视觉环境把所有希望展出的艺术品全部联系起来。金属罐的使用，使得这个临时博物馆再现出既流行又工业的小环境，而这一装置结构置身于购物中心中央广场，其抽象的外观就非常吸引人，清晰地将流行艺术与当代商业环境完美融合。罐体通过拼接的方式既可以组装，同时也便于后期的拆卸与回收，将材料、产品的使用率做到了最大化，耗损做到了最小化，非常符合当今建筑设计行业所提倡的低碳环保思想。

（二）万科博物馆

万科博物馆是一个多主题的群展，主要体现万科现在的重要发展理念与成就。为了突出每一个小主题的特点，设计团队在展示设计上也根据内容进行了再思考。原展品是挂在墙上的，设计团队利用三个悬浮的交叉展台把它们按标号顺序摆放，既可以近距离观看展品，又在空间上形成一个动线关系（图5-6-7）。

整个空间分为四个主题：历史馆、档案室、万科+未来馆。每个主题对应不同的空间设计。另外，还有两个比较独立的区域，一个是小黑房展示万科的公益活动，另一个是利用细线围合的多媒体播放区（图5-6-8）。

这次万科博物馆的改造和其他传统企业馆的设计手法不同，它强调以人为核心的展览，所有的展示都是以万科人的故事（住户、员工等）来串联，并不只关注万科的荣誉。

图5-6-7　展区内部

图5-6-8　观赏区域

（三）"万化同源——珠江口区域的四个历史时空"主题展展馆

"万化同源——珠江口区域的四个历史时空"艺术性历史主题展作为南头古城保护与利用项目的重点文化叙事载体，于2020年8月26日面向公众开放（图5-6-9）。

基于南头古城的政策定位，设计师将"同源"的策展概念拓展为珠江口区域开放、多元、包容和汇同的文化特征，并通过"山海同貌""经济同体""文化同心"和"行政同属"四个视角分别进行解读。面对展馆空间条件、展品条件和时间条件的真实困难，将展览设计方向规划为"一个艺术性历史主题展"，以超级报纸为设计概念重织时空，实现内容、空间与展品的"全景式"体验。

图5-6-9 展览户外入口

（1）策展思路：从历史的同源到展览的"同源"。

珠江口地区的"同源"与通常意义的地理学上的"同源"有着本质的区别。展览中所指的"同源"，是指把珠江口区域丰富多彩的社会文化与该地区开放包容的内在精神当成一种"源头"。基于这样的策展思考，在设计时对"同源"的内涵进行了深入解读。

（2）空间对比：站在城中村中看展览。

临展空间位于南头古城城中村，设计师利用大体量空间，为观众制造了空间体验的反差感。当观众从人头攒动的南头古城进入展览时，开阔、规整与空旷的临展空间使馆内的空旷静谧与馆外的拥挤喧闹形成对比（图5-6-10）。

图5-6-10　展览空间

（3）设计策略：站在馆内看展览。

此次展览并不是由很多件展品构成，而是通过一个全景式展品，来实现空间全景、展品全景和内容全景的统一。首先，并未用设置隔墙等常规手段来破坏空间的完整性。其次，置于地面的"报纸"母体同时作为形式和内容整合了展览的所有信息，装置与投影依托于报纸母体进一步回应了主题。专家采访则是从报纸上延伸出的讨论与对话，而无限循环的栈桥进一步将行走的观众纳入展览之中（图5-6-11）。

（4）超级报纸，重织时空。

"超级报纸"可以做到尺度多倍放大，图像动态化，插图三维化，内容的电子化延伸。因此，整个展厅的所有存在都变成了其中的一部分：从地面到空间，从静态到动态，从平面到立体，从过去到当下，从展览到观众（图5-6-12）。

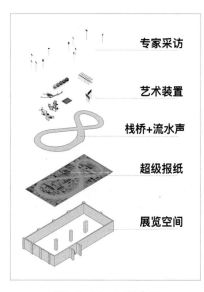

图5-6-11　同源全景

图5-6-12　超级报纸，重织时空

（5）栈桥与海浪声，情感的回归。

栈桥高于报纸母体一定距离，桥下装有扬声器。观众在观展的过程中，可以听到栈桥下的潮水声，配合闪烁的呼吸灯，仿佛置身于海岸边。视听交错，实现理智与情感的交融。而观众脚下的出发点也是最终的回归点，他们恰好用行为回应了"同源"的主题（图5-6-13至图5-6-16）。

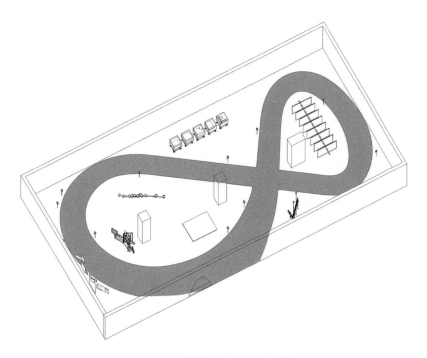

图5-6-13　平面图（栈桥与海浪声，情感的回归）

图5-6-14　展览空间体验：从行政同属区域望向经济同体区域

图5-6-15　展览空间体验：经济同体区域

图5-6-16　南头的权利空间装置（装置照片）

参考文献

[1] 洪兴宇. 标识导视系统设计[M]. 武汉：湖北美术出版社，2010.

[2] 李健华，于鹏. 室内照明设计[M]. 北京：中国建材工业出版社，2010.

[3] 马尔科姆·英尼斯. 室内照明设计[M]. 张宪，译. 武汉：华中科技大学出版社，2013.

[4] 侯林. 室内公共空间设计[M]. 北京：中国水利水电出版社，2009.

[5] 余蓉，黄琳妍. 设计心理学[M]. 北京：中国青年出版社，2015.

[6] 沈学胜. 视觉导向标识设计与实训[M]. 武汉：武汉大学出版社，2015.

[7] 孙皓. 公共空间设计[M]. 武汉：武汉大学出版社，2011.

[8] 罗平. 公共空间设计[M]. 北京：机械工业出版社，2021.

[9] 莫钧，杨清平. 公共空间设计[M]. 长沙：湖南大学出版社，2009.

[10] 刘洪波，毛萍，熊浩宇. 公共空间设计[M]. 哈尔滨：哈尔滨工程大学出版社，2009.

[11] 杨清平. 公共空间设计[M]. 北京：北京大学出版社，2012.

[12] 师高民. 酒店空间设计[M]. 合肥：合肥工业大学出版社，2009.

[13] 董君. 公共空间室内设计[M]. 北京：中国林业出版社，2011.

[14] 张梦雨. 体验式综合文化空间设计研究——以北京市朝阳区九章文化空间为例[D]. 北京：北京交通大学，2021.